패션마케팅커뮤니케이션

패션마케팅커뮤니케이션

FASHION MARKETING COMMUNICATIONS

Gaynor Lea-Greenwood 지음 | 성희원, 이승희, 김은영 옮김

Σ 시그마프레스

패션 마케팅 커뮤니케이션

발행일 | 2015년 3월 5일 1쇄 발행

저자 | Gaynor Lea-Greenwood
역자 | 성희원, 이승희, 김은영
발행인 | 강학경
발행처 | (주) 시그마프레스
디자인 | 송현주
편집 | 정은아, 김문선

등록번호 | 제10-2642호
주소 | 서울특별시 영등포구 양평로 22길 21 선유도코오롱디지털타워 A401~403호
전자우편 | sigma@spress.co.kr
홈페이지 | http://www.sigmapress.co.kr
전화 | (02)323-4845, (02)2062-5184~8
팩스 | (02)323-4197
ISBN | 978-89-6866-408-3

Fashion Marketing Communications

Copyright ⓒ 2013 Gaynor Lea-Greenwood
All Rights Reserved.
Authorised translation from the English language edition published by John Wiley & Sons Limited. Responsibility for the accuracy of the translation rests soley with Sigma Press and is not the responsibility of John Wiley & Sons Limited. No part of this book may be reporduced in any form without the written permission of the original copyright holder, John Wiley & Sons Limited.
Korean language edition ⓒ 2015 by Sigma Press, Inc. published by arrangement with John Wiley & Sons Limited

이 책은 John Wiley & Sons Ltd.와 (주) 시그마프레스 간에 한국어판 출판 · 판매권 독점 계약에 의해 발행되었으므로 본사의 허락 없이 어떠한 형태로든 일부 또는 전부를 무단복제 및 무단전사할 수 없습니다.

* 책값은 뒤표지에 있습니다.
* 이 도서의 국립중앙도서관 출판시도서목록(CIP)은 서지정보유통지원시스템 홈페이지(http://seoji.nl.go.kr)와 국가자료공동목록시스템(http://www.nl.go.kr/kolisnet)에서 이용하실 수 있습니다.(CIP제어번호 : CIP2015005213)

역자 서문

패션산업은 글로벌 무한경쟁을 넘어서 21세기 멀티미디어 정보화 시대로 패션 커뮤니케이션 개념이 경쟁적 차별화 전략에 더욱 중요해지고 있다. 마케팅 커뮤니케이션 관점에서 패션 브랜드의 광고, 홍보, 프로모션 등의 성공 사례가 관심 이슈가 되고 있으나 이 책에서 저자가 언급하였듯이 패션 마케팅의 한 영역으로만 다루어지고 있다.

아직까지 국내의 패션 마케팅 커뮤니케이션과 관련된 전공교재가 부족함을 실감하면서 영국 저자가 강의용으로 저술한 이 책을 선뜻 번역하겠다고 세 명의 동료교수들이 함께한 이유는 강의 자료에 도움이 될 수 있을 것이라는 생각뿐 아니라 학생들에게 조금이라도 더 패션의 새롭고 다양한 영역을 경험하게 하고 싶은 마음이었다.

이 책에서 소개된 영국의 패션 브랜드, 유명인, 잡지 등 다양한 마케팅 커뮤니케이션 사례들을 접하면서 다시 한 번 패션은 '문화'라는 중요한 키워드를 느끼게 되었다. 본문은 대부분 완역하였는데 영국식 영어표현을 조금이나마 정확히 이해하고자 자주 만나서 서로의 의견을 깊이 나누었다.

번역의 어려움도 함께 공감했기에, 책의 저자가 서문에서 밝혔듯이 해리포터 등 베스트셀러와 같은 책은 아니더라도 이 번역서는 동료 교수들과 함께한 소중한 시간과 추억이 되었다는 것을 말하고 싶다.

그리고 이 책은 학생들에게도 패션이라는 학문을 사랑하게 되는 소중한 경험을 할 수 있는, 조금이나마 첫 단추를 끼워가는 하나의 계기가 되길 바란다. 번역상 미흡한 점도 없지 않으리라 생각되며, 이에 독자 여러분의 많은 비판과 격려를 바란다.

끝으로 이 책이 나오기까지 여러 가지 도움을 주신 분들과 (주)시그마프레스 모든 관계자들께 감사를 표한다.

2015년 2월
역자 일동

차례

1
서문

이 책의 저자 게이너 리-그린우드(Gaynor Lea-Greenwood)는 잘 알려진 패션 마케팅(Fashion Marketing, 3판, Mike Essay 편집) 제9장의 저자이다. 패션 마케팅 커뮤니케이션(Fashion Marketing Communication, FMC)은 명확히 구분되지만 아직까지 패션산업과 통합된 분야로 최근 관심이 점점 증가하고 있는 시점에서 이 책은 패션 마케팅 커뮤니케이션에 필요한 더 많은 요구에 답하기 위한 것이라 할 수 있다. 욕구는 창조의 어머니라는 말이 있듯이, 이 책은 패션 마케팅 커뮤니케이션 과목을 가르치는 교수인 나의 욕구로부터 시작되었다.

나와 마찬가지로 다른 사람도 FMC에 대한 관심은 전통적 잡지 또는 온라인 콘텐츠, 특집기사, 사설, 간접광고(PPL), 후원 및 블로그를 포함하는 공중관계(PR)의 기하급수적인 성장, 팝업 스토어(pop-up store), 연예인 동경 및 소셜미디어의 등장으로 인해 유발되었을 것이다. 이 책은 '순이익'이 핵심 과제인 경기침체 시기와 '패스트 패션'이 정점에 달한 시기를 반영하고 있다. 또한 학생과 패션 전문가들이 산업현장에서 수행할 수 있는 광범위한 역할들을 포함하고 있다.

마케팅 커뮤니케이션 연구에 대한 오랜 관심과 패션 마케팅 강의에 필요한 잘 맞는 교재가 없다는 것을 발견하면서부터 이 책을 시작하게 되었다. 나는 결코 마케팅 커뮤니케이션 분야의 전문가라고 말할 수 없지만 패션에 대한 관심과 강의 목적에 맞게 분야의 핵심연구들을 적용해왔다. 이 책을 사용하는 분들도 같을 것이라고 기대한다.

이 책의 개요

어느 정도의 지식이 있다면 이 책은 교수와 학생 모두에게 마케팅 믹스의 개념을 이해하고 개발하는 데 적합하며, FMC에 적용할 프로모션 믹스의 구체적인 내용을 알 수 있을 것이다.

'패션 마케팅 커뮤니케이션'과 '프로모션' 용어는 경우에 따라 상호 교환적으로 사용되며, FMC는 잘 알고 있는 전통적인 '프로모션 믹스'보다 더 폭넓고 전문적인 개념을 의미한다.

이 책은 세미나와 학생 중심의 실습을 포함한 한 학기 또는 두 학기의 전형적인 강의 계획을 따르고 있으며 학습활동과 보충자료를 포함한다. 따라서 강의할 때 이것을 적절하게 사용하기 바란다.

또한 이 책은 모든 내용을 포함하고 있지 않으므로 교수와 학생들은 기초단계에서 이용하길 바란다. 패션은 본질적으로 변화에 관한 것이며, 특히 패션산업은 다른 많은 산업과 다르다. 그러므로 이 책을 읽는 시점에는 아마도 많은 것이 더욱 발전하고 변화되어 있을 수 있다. 그러나 과거에 일어난 일들은 역사적인 이해를 하는 데 도움이 될 뿐 아니라 오늘날 우리가 어떻게 오게 되었고, 더욱 중요하게는 왜 오게 되었는지를 이해하는 데 도움이 될 것이다.

최근 교재나 학회지에서조차 패션이 학문적으로 과소평가되고 있는 이유는 패션의 본질처럼 모든 것이 빠르게 변하고 소멸되므로 시대에 뒤떨어졌다고 보기 때문이다.

이 책의 구성

각 장의 내용 구성은 다음과 같은 형식, 즉 목적, 서론, 정의(필요한 경우), 주요 주제와 내용 설명 및 사례, 요약, 쉽게 적용할 수 있는 활동 아이디어, 향후 연구의 방향이 될 수 있는 보충자료로 구성된다. 또한 여러 심층 사례 연구들은 내용에 따라 어느 단계에서나 사용될 수 있을 것이다.

많은 학생은 즉각적인 설명이 없으면 이해하지 못하기 때문에 대부분의 용어들은 본문에 정의되어 있다. 교수와 학생들은 수업의 전체적인 흐름을 잡기 위해 먼저 개념을 정의하고 시작하기를 좋아한다. 따라서 공식적인 정의가 없는 용어는 새롭게 개념 정의를 하였다.

제2장에서는 FMC의 전략적 역할과 커뮤니케이션 과정의 기초에서 시작하고자 하였다. 기업이 지금 어디에 있으며, 미래에 어디로 가길 원하는지에 대한 이해는 프로모션 활동의 목표를 수립하는 데 기초가 된다. 바쁘고 복잡한 매우 경쟁적인 패션 소매 환경에서 '새로운 전략(emergent strategy)'은 패션 비즈니스의 빠르고 불안정한 속성에 가장 적합하다. 일반적으로 비즈니스 전략에 대한 많은 책이 있지만 FMC 전략만 다룬 책은 없으므로 이 장에서는 전략의 주요 주제와 개념을 패션 커뮤니케이션에 적

용시켰다.

제3장에서는 패션 소매업 또는 마케팅 커뮤니케이션과 관련된 주요 커뮤니케이션 수단을 밝히고 있다. 이 책을 쓰는 동안에 소셜미디어가 기하급수적으로 성장했음에도 불구하고 전통적인 수단(예 : 잡지와 PR)들은 아직까지 중요하다.

신기술에도 불구하고, 잡지같이 인쇄광고의 럭셔리와 우아함을 보여줄 수 있는 다른 채널은 없었다.

— 'Tatler는 September Web 재출시 기념을 위해 증강현실을 시도하다', www.luxurydaily.com, 2011년 8월 1일.

이용가능한 수단과 매체 채널은 상대적인 이점을 분석하는 것이 유용하므로 장점과 단점을 설명하였다. 학생들은 이러한 체크리스트 접근법을 좋아할 것이다.

이 장에서는 TV 광고를 폭넓게 다루지 않았다. 많은 교재에서 TV 광고를 다루고 있으나 패션 소매업체는 좀처럼 사용하지 않는다(비록 패션 프로모션에 있어서 광범위한 노출과 '접근'에 대한 기회를 얻기 위해 MTV와 같은 위성채널을 목표로 할지라도). 따라서 이 책에서는 TV 광고 부분을 간단히 다루었다.

제4장에서는 '인포테인먼트(infotainment)'라 불리는 정보와 오락의 통합적 측면에서 잡지가 어떻게 작용하고 패션 소비자들이 얻는 것이 무엇인지, 잡지와의 감정적 관계에 초점을 두었다. 잡지는 종종 패션 관점에서 '경박하고 보잘것 없는' 것으로 간주되지만, 이차원 광택지의 일반잡지, 온라인 콘텐츠, 또는 앞으로 두 가지 모두 발전할지라도 잡지는 주요 커뮤니케이션 채널로 제시되었다.

제5장에서는 공중관계(PR)의 구체적인 내용, 즉 간접광고와 다양한 매체에서 홍보의 역할, PR이 어떻게 더욱 강력한 가치를 갖는지의 내용을 포함하고 있다. PR은 보편적으로 (비교적 최근까지) 광고와 같은 전통적인 프로모션 채널과 거의 관계가 없는 것으로 간주되어 왔다. 제5장은 복잡하고 분산된 미디어 환경에서 어떻게 PR이 중요한 역할을 하게 되었고, 특히 패션 소비자에게 신뢰성 있는 정보원으로서 광고의 역할을 하는지를 설명하고 있다.

제6장에서는 패션 마케팅 커뮤니케이션에서 유명인의 역할을 설명하고 있다. 유명인 문화는 이미 '시들해졌다' 또는 '죽었다'라고 많이 알려졌을지라도 사회와 매체에서는 이것이 지지되지 않고 있는 것으로 보인다. 또한 유명인 생명주기 모델이 소개되었다.

제7장은 소매환경 내 커뮤니케이션 역할에 대한 매우 많은 내용을 다루고 있다. 비주얼 머천다이징(visual merchandising)과 구매결정에 영향을 주는 총체적인 점포 내 체험을 '비주얼 마케팅(visual marketing)'이라 명명하였다. 왜냐하면 이러한 커뮤니케이션 요소들이 지금까지 마케팅 커뮤니케이션의 총체적 접근과 관련하여 충분히 심도 있게 다루어지지 않았기 때문이다. 비주얼 마케팅은 단순히 '마네킹에 옷을 입히는' 것 이상으로 더욱 중요한 일이다. 또한 점포 내 체험이 온라인 체험으로 전환되는 데 있어서의 문제점을 고찰하였다.

제8장에서는 트레이드 마케팅 커뮤니케이션, 즉 비즈니스 대 소비자(B2C)보다는 비즈니스 대 비즈니스(B2B) 커뮤니케이션의 역할에 초점을 두었다. 많은 패션산업은 도매업체와 공급업체가 소매업체와의 거래와 관련이 있지만 지금까지 무시되어 왔다. 이 장에서는 일반적으로 더 잘 알려진 무역 관계자나 산업체와 관련된 커뮤니케이션 전략과 수단의 차이점을 설명하였다.

제9장은 FMC의 국제화에 초점을 두고 해외시장 맥락에서 앞으로 다가올 많은 주제를 다루고 있다. 패션을 해외 영역으로 이끄는 데 고려되는 서로 상반된 추진(push)요인과 유인(pull)요인을 설명하였다.

제10장은 많은 선진국 시장에 존재하는 패션 프로모션이 갖는 광고규제에 대해 설명하고 있다. 패션이 성의 상징이나 사이즈 문제, 에어브러싱(air-blushing), 소수민족의 성차별, 노출과 관련되는 것은 놀라운 일이 아니다. 이와 같이 패션이 현대 문화를 잘 반영하는 만큼 긴장감은 계속될 것이다.

제11장에서는 FMC의 효과를 어떻게 측정할 수 있는지에 대해 다루었다. 이 장은 특별히 쓰기 어려웠고 오늘날까지 누가 이 질문에 완벽한 답을 찾을지 모르겠다. 이에 대한 방법론을 설명하고 있지만 잠재의식의 '블랙박스' 안에서 일어나고 있는 것들을 확실히 알 수 있을까? 많은 연구자가 패션 구매결정에서 완벽하게 비합리적 행동으로

볼 수 있는 논리적이고 확실한 사례를 밝히고자 시도해왔으나 모두 실패했다.

제12장은 패션 마케팅 커뮤니케이션 분야에서 진로에 필요한 취업 가이드를 설명하고 있다. 전문용어를 알고 이해하고 사용할 수 있다는 것은 그 영역에 관심이 있다는 것을 의미한다. 어떤 능력이든 경력은 필요하고, 해당 분야의 조사, 관찰, 적합한 이력서에서부터 시작된다.

2
마케팅 전략

만약 계획 세우기에 실패한다면 실패를 계획하는 것과 같다.

– 무기명

이 장에서는

- 기업이 직면한 경쟁적 환경에 대한 개요를 설명한다.
- 패션 마케팅 커뮤니케이션 전략에 대하여 설명한다.
- 전략 모델과 방법을 설명한다.
- 기업 전략의 사례를 제시한다.

서론

간단히 말해서, 전략은 기업의 장기적 · 중기적 혹은 단기적 목표 성과에 있어서 대단히 중요한 계획이다.

기업의 전략은 장기적인 경향이 있고, 대중(고객, 사원 그리고 주주)과의 소통을 통하여 조직이 공표하는 사명을 종종 포함하고 있다. 기업 전략의 목적은 회사의 현상태와 회사가 상징하는 본질을 요약하는 것이다. 아래의 사명은 정찰가격으로 패밀리 패션을 판매하는 회사에 대한 내용이다.

패밀리 패션에서의 강자가 되기 위하여 고객에게 편리성, 선택, 가치 및 품질을 제공한다.

기업의 전략은 조직의 운영에서 소위 기능적 전략으로 불리는 상품 선택, 가격구조, 유통 그리고 홍보활동의 모든 측면에서 보여진다. 기능적 전략은 회사 전략을 완수하기 위하여 마케팅 믹스의 모든 측면을 포함해야 한다. 상기의 내용을 달성하기 위하여, 회사는 시내 중심가와 온라인상에서 적정한 가격에 고품질 패션을 원하는 목표시장의 요구에 맞는 상품을 선택할 것이다.

상품과 가격 그리고 장소(혹은 유통, 예를 들어 숍 혹은 온라인 아웃렛)가 적절히 관리 될 때 조직은 홍보 전략을 개발할 수 있다. 그러한 예로 기능적 홍보 전략은 아마도 TV 광고를 포함할 것이다.

제2장에서 소개된 다양한 약어는 전략수립 과정의 부분들을 기억하는 데 유용하지만, 현실적인 판매 촉진 계획이나 업계의 관례를 반드시 반영하는 것은 아니다.

촉진 전략

촉진이란 '마케팅 커뮤니케이션'과 상호(교환)적으로 사용되는 용어이다.

판촉 믹스는 다음의 것들로 구성되어 있다.

- **광고**
- **판매 촉진**
- **대인 판매**
- **홍보활동**
- **다이렉트 마케팅**

이러한 각 항목의 구체적 용도는 제3장에 자세히 설명되어 있다. 여기에서는 위 내용의 일반적 용어를 알아보고자 한다.

- **광고**는 상위 라인 활동으로 고려되는데, 이는 소비자에게 전달될 정보의 출처가 분명한 것을 말한다. 이것은 회사에서 회사에게 혹은 소비자에게 유료 커뮤니케이션으로 구성되어 있다.
- **판매 촉진**은 수요를 자극하기 위하여 단기적 할인을 포함한 매장 내 활동이다.
- **대인 판매**는 잠재적 고객과 의사소통을 하기 위하여 영업직원을 활용한다.
- **홍보활동**은 회사에서 비롯된 것이 무엇인지 그리고 무엇이 사설 논평인지 항상 명확한 것은 아니므로, 'BLT' 활동으로 언급된다. 그리고 잡지에서 간접광고(PPL)와 같은 덜 명확한 형태의 홍보를 말한다.
- **다이렉트 마케팅**은 우편, 더욱 최근에는 이메일, SMS 커뮤니케이션 및 QR코드와 같은 구매를 위한 즉각적 링크로 구성되어 있다.

촉진은 나머지 마케팅 믹스와 통합되어야 한다. 어떤 커뮤니케이션도 고객이 원하지 않는 제품, 적합한 가격대가 아니거나 이용가능하지 않는 제품을 판매할 수는 없다.

어떠한 전략도 촉진 전략과 같이 다음과 같은 세 가지 근본적 질문이 있다.

- 기업의 현재 위치는?
- 기업이 가고자 하는 방향은?
- 기업이 목표에 도달하거나 달성하는 방법은?

이것은 오해하기 쉬울 정도로 단순한 질문처럼 보이지만, 복잡성은 과소평가되어서는 안 될 것이다. 만약 과소평가된다면 단순한 답을 하게 될 것이다.

우리는 두문자인 **SOSTAC**을 통하여 다음과 같이 전반적인 홍보 사이클을 다루기 위한 모델을 확장할 수 있다.

- **상황 분석**(Situation analysis) : 기업은 현재 어디에 있는가?
- **목표**(Objectives) : 기업은 어디로 가기를 원하는가?
- **전략**(Strategy) : 어떻게 도달할 것인가?
- **전술**(Tactics) : 어떤 도구를 사용할 것인가?
- **활동, 행위 그리고 분석**(Activity, action and analysis) : 기업은 무엇을 하고 어떻게 그것을 측정하는가?
- **통제**(Control) : 활동과 피드백의 평가

기업의 현재 위치는 어디인가?

신생회사는 표적시장에 알려져 있지 않고, 프로필도 없고 과거의 인지도도 없으므로 촉진 전략은 매우 낮은 단계에서 시작하게 된다. 회사, 브랜드 그리고 제품에 대한 인지도가 전무하므로 촉진활동의 초기 비용은 극도로 높을 수 있다. 그렇지만 기존 브랜드에 대한 대중의 인식을 전환시키는 것이 훨씬 더 어려운 것으로 고려되기도 한다. 브랜드 인지도와 브랜드 태도는 때때로 고객의 마음에 확고하게 자리 잡혀 있어서 고객 태도의 작은 변화를 위해 매우 고비용의 지속적 홍보 캠페인이 필요하기도 하다.

기존회사는 상황 분석(situational audit)을 반드시 해야 한다. 상황 분석의 의미는 경쟁적 환경과 브랜드에 대한 과거와 현재 소비자의 인식을 이해하기 위한 분석을 수행하는 것을 의미한다. 또한 과거와 기존 현재 캠페인을 분석하는 것을 수반한다.

이러한 조사기술이 있다면 회사 자체에서 수행할 수 있다. 그러나 대부분의 경우 전문적인 리서치 회사나 광고 대행사에 의해 수행될 가능성이 더 많다.

1990년대 말, 프렌치 커넥션(French Connection)은 조사를 통해 자사 브랜드가 더 이상 '인상적이지(salient)' 않음을 알게 되었다. 다시 말하면 소비자의 마음에서 더 이상

최고 브랜드가 아님을 의미한다. 프렌치 커넥션은 여러 가지 요인, 특히 시장의 새로운 진입자와 기존 경쟁으로 인해 시장에서의 위치를 잃게 되었다.

기업은 어디로 가기를 원하는가?

기업의 현재 위치를 기반으로 하여 회사는 다음과 같은 현실적이며 정확한 그리고 실현가능한 목표를 향해 나아갈 수 있다.

- 모든 이용가능한 매체 채널에서 광고를 통합하는 전면 캠페인을 활용하여 시장에 브랜드를 소개하라.
- 주요 소비자가 사용하는 미디어를 표적화함으로써 핵심 목표시장에서 소비자의 브랜드 인지도를 끌어 올려라.
- 매장에서의 판매 촉진 및 잡지와 온라인에서 가격을 감소시킴으로써 판매를 유도하라.
- 소매환경을 변화시켜 멋진 판매환경을 조성하라.
- 낮은 가격이지만 좋은 품질을 확인시켜 주는 품질 가치를 소비자에게 제안하라.

이것은 기능적 혹은 운영상의 구체적 전략으로 이어지는 실행가능한 목표들이다.

촉진 믹스의 목표는 **SMART**해야 한다.

- **구체적**(Specific) : 판매를 증가시키기 위하여 구체적이어야 한다.
- **측정가능**(Measurable) : 판매 증가가 확인될 수 있도록 측정가능해야 한다.
- **성취가능**(Achievable). 할인 쿠폰이 소비자를 격려할 수 있다.
- **적절함**(Relevant) : 할인 쿠폰은 경기 불황 시 환영받을 수 있다.
- **시기적절**(Timed) : 캠페인이 구체적인 날짜에 해당하도록 시기적절해야 한다.

프렌치 커넥션은 세련된 브랜드(edgy brand)로 회사를 재포지션하기로 결정하였다. 회사의 재포지셔닝은 소비자 인식을 바꾸는 것으로 상당한 노력의 촉진활동이 포함되기 때문에 극도로 높은 비용이 발생한다. 프렌치 커넥션은 자사가 도시적이고 세련된 브랜드임을 알리고 싶었지만, 판매 감소로 인하여 적은 예산으로 캠페인을 수행해야 했다. 이 회사는 티셔츠의 슬로건으로 'fcuk'를 사용하는 방식을 채택했다('fcuk 패션'은 최초의 캠페인이었고, 즉시 매진되었다).

고객들은 거리에서 브랜드 광고에 대한 비용을 지불하게 된다. 매번 새로운 형식의 'fcuk' 슬로건은 출시될 때마다 우상적이고 건방진 듯한 슬로건을 즐기는 표적시장에 적합한 것으로 간주되었다. 판매 증가는 모두 성취가능하고 측정가능하였다. 또한 매우 성공적이고 비용 면에서 효율적인 캠페인이었다. 프렌치 커네션은 TV나 잡지 광고보다는 상당히 저렴한 빌보드 광고만 하였다. 촉진에 대한 낮은 투자비용으로 얻은 판매수익은 프렌치 커넥션을 국제시장과 새로운 제품군(세면도구, 향수)으로의 확장을 가능하게 하였다.

그러나 시간이 지나면서 소비자는 'fcuk' 혁신에 싫증을 느끼기 시작하였고 더 이상 새롭게 느끼지 않게 되었다. 티셔츠를 촉진 도구로 사용한다는 아이디어는 아마도 시간제한이 있었던 것이다.

그곳에 도달하는 방법은?

전략의 선택은 현실적이어야 한다. 예를 들어 판매가 감소한다면, 매장을 홍보하는 하나의 비싼 TV 광고 캠페인은 재정적으로 효율적이지 않으며 장기적으로 수요를 자극할 가능성도 없다. 그렇게 때문에 나머지 다른 믹스를 통해 해결되어야 한다.

전략은 다음의 **5M**을 고려해야 한다.

- **근육**(Muscle), 혹은 남성(그리고 여성) : 활동을 수행할 사람들
- **금전**(Money) : 활동을 위한 예산
- **시간**(Minute) : 활동에 할당되는 시간
- **메시지**(Message) : 촉진에 사용되는 메시지
- **측정**(Measure) : 결과를 측정하는 방법

경쟁적인 환경에서 패션 프로모션은 큰 규모의 예산을 가진 강자들로부터 두각을 나타내야 한다. 럭셔리 브랜드의 주요 목적은 소비자의 마음에 각인되는 것이어서 독특한 이미지의 럭셔리 브랜드를 지속적으로 광고한다. 이와는 대조적으로, 대부분의 중간 정도 시장의 패션 브랜드들은 이러한 예산을 가지고 있지 않다. 신진 디자이너들과 독자적인 소매업체 역시 프로모션 캠페인을 위한 대규모의 예산을 가지고 있지 않다.

'환기 상표군'은 소비자가 어디에서 쇼핑하는지를 질문하였을 때 소비자 마음속에 가장 먼저 떠오르는 브랜드를 가리키는데, 소비자의 브랜드 '레퍼토리(repertoire)'로도 알려져 있다. 만약 판매가 감소하고 나머지 마케팅 믹스가 표적시장에 매력적으로 소구되지만 조사에서 그 브랜드가 소비자의 마음에서 각인되어 있지 않다면, 이것은 판촉 믹스에서 인지도를 창출할 필요가 있음을 의미한다. 예산 제안은 다음과 같은 BLT 활동을 증가시키는 것을 적합하게 할 수 있다.

- 자선단체와 연계
- 유명인 광고
- 패션 행사 후원
- PPL 광고(간접광고) 증가
- 비디오 콘텐츠를 포함하여 웹사이트 업그레이드
- 블로거들이 브랜드를 언급하도록 권장

이러한 목적을 달성하기 위하여 회사는 광고 대행사를 고용하거나 언론에서 이러한 활동에 대한 보도를 하도록 사내 PR 기법을 개발할 수 있다.

만약 브랜드가 재정이 충분하다면, 광고와 PR 활동을 포함한 완벽한 캠페인이 적합할 것이다.

프렌치 커넥션은 예산이 충분치 않아서 단순히 fcuk(French Connection UK의 약자) 이름을 사용했다. 'fcuk' 캠페인은 소위 '대담한 난독증'을 이용하였기 때문에 이 브랜드는 많은 화제가 되었다. 동시에 무료로 많은 언론 보도를 통하여 홍보되었다.

광고 모델

모델은 복잡한 과정을 단순하게 설명하는 방식이다(지도의 단순성과 비교하여 런던 지하철의 현실에 대해 생각해보라).

AIDA 모델은 광고가 어떻게 기능을 하는지를 설명한 초기 모델 중의 하나로서, 이것은 소비자가 인식에서 구매로 이동하는 방식을 보여주는 복잡한 과정의 선형 모델이다. 이 모델은 소비자가 구입하기 전에 거치는 네 가지 과정을 보여준다.

- **인식**(Awareness) 혹은 지식(인지) : 소비자는 광고, 온라인 커뮤니케이션, 점포 내 홍보, PR 혹은 빌보드와 같은 커뮤니케이션 캠페인 중 하나 혹은 그 이상의 요소의 결과로 브랜드 혹은 상품에 대해 인지하게 된다.
- **흥미**(Interest) 또는 감성 : 소비자는 보고 들은 것을 좋아하고 긍정적으로 반응한다.
- **욕구**(Desire) : 소비자는 제품을 시험 삼아 사용하거나 제품을 구입하길 원한다.
- **행동**(Action) : 소비자는 구매하고자 하는 의도를 향해 움직인다.

광고는 인식을 창출하고, 흥미는 잡지 기사에 의해 생성되며, 욕구는 호의적인 기사평에 의해 유발되고, 행동으로 움직여 할인이나 스마트폰 애플리케이션 혹은 웹사이트 링크에 의해 촉진될 수 있다.

판매 촉진성 캠페인의 사례

예산이 적을 때 혁신적인 아이디어가 성과를 보일 수 있다.

해럴드 크랩트리(Harold Crabtree)는 독립적이고 가족 소유의 고급 패션 소매업체로 단 두 개의 지점만 가지고 있다. 하나는 시장상권에, 다른 하나는 큰 주변 타운에 있다. 이 회사는 보그 잡지에 특집 기사화된다 할지라도 광고비용이나 소비자 수요를 충족 시킬 여력이 없다. 그러나 해럴드 크랩트리는 적정금액으로 잡지 뒷면에 작은 세분화된 광고를 냈고, 현재는 자랑스럽게 보그에 실린 작은 광고사진을 매장 내 쇼 카드에 실어 기염을 토하고 있다.

원더브라는 대형 빌보드를 사용한다. 비교적 덜 알려진 모델을 고용하여 모델료를 절약하였고, 새롭게 선보여 홍보 효과를 갖게 되었다.

예산 규모가 작을 때는 통합이 우선이다. 하나의 이미지 사진, 모델, 메이크업, 머리 등 초기 비용은 계속 들어가게 된다. 회사는 규모의 경제성을 이용하여 같은 이미지를 모든 매체 채널에 사용한다. 잡지 광고는 매장이나 빌보드, 전단지나 웹사이트에서도 사용될 수 있다.

아디다스는 홍보에 많은 비용을 소비하는 글로벌 브랜드로 잘 알려져 있다. 그러나 아디다스 역시 규모의 경제와 예산 변경이 가능하다. 데이비드 베컴(David Beckham, 영국의 유명한 축구선수)은 아디다스의 유명인 브랜드 홍보 대사 중 한 명이지만 베컴에게 광고 모델료로 지불하는 비용이 비싸서 광고 하나를 촬영한 후 여러 가지 의상과 사진을 보여주기 위하여 다양한 색으로 준비한다(그림 2.1 참조). 이러한 방법으로 이 캠페인이 각 출판물에 대하여 신선하고 다양하게 보이도록 하면서, 규모의 경제를 달성할 수 있다.

예산의 제약이 있을 때에는 폭넓은 매체에서 브랜드가 회자되도록 하기 위하여 충격 전술을 사용하고 싶은 유혹이 생길 수 있다. 회사들은 이를 강력히 부인하지만 이것은 여전히 냉소주의적 관점으로 남아 있다. 베네통은 아마도 충격 전술을 사용하는

그림 2.1 아디다스 색상 광고

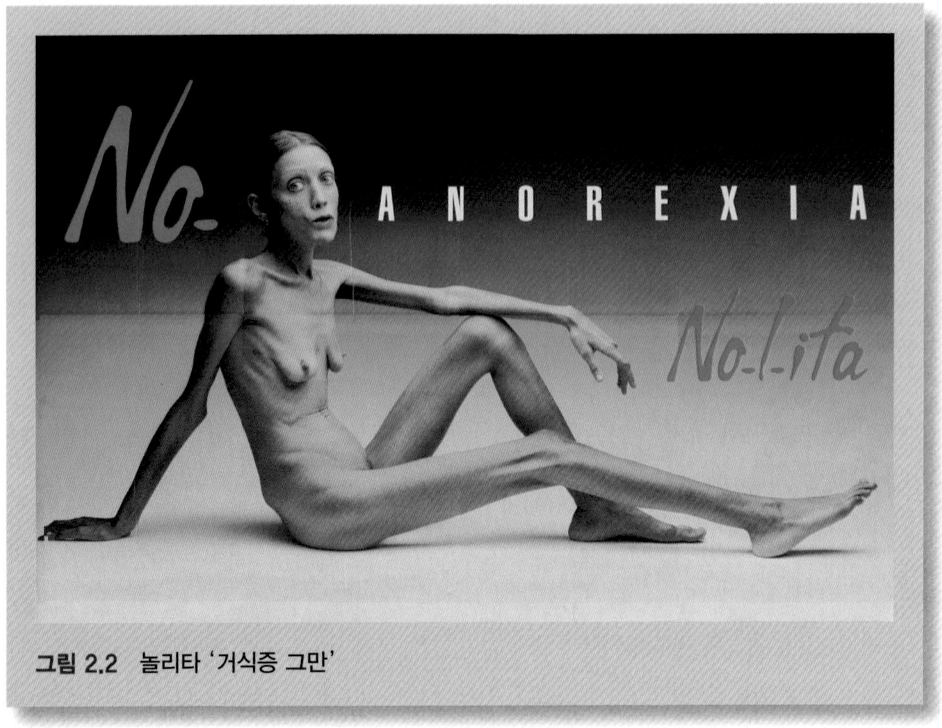

그림 2.2 놀리타 '거식증 그만'

가장 유명한 브랜드일 것이다. 모든 광고가 발표될 때마다 금지되었고, 결국 베네통의 모든 광고는 발표 전에 점검을 받게 되었다. 그러나 베네통은 이를 통해 더 많이 무료로 언론에 보도되었다.

잘 알려지지 않은 브랜드 놀리타(Nolita)는 캠페인에서 거식증으로 보이는 모델을 사용하여 사이즈 제로에 대한 논쟁을 최고조에 이르게 하면서 2007년 전례 없이 매체기사에 보도되었다(그림 2.2). 이 논란은 현재까지도 계속되고 있다.

요약

명확하고, 잘 알려지고, 이해할만한 회사 내 전략은 이 회사가 현재 어디에 위치해 있는지를 알 수 있고, 미래에 어디로 향할지를 알 수 있다. 전체의 모든 부분은 목표에 도달하기 위해 협력하는 것은 분명할 것이다.

이 장에서는

- 조직에서 이용가능한 판촉 촉진 믹스에 대해 개괄적으로 설명하였다.
- 마케팅 커뮤니케이션의 전략적 도구와 모델을 설명하였다.
- 전략수립 시 예산 제약의 다양한 예를 제시하였다.

참고문헌

Copley, P. (2004) *Marketing Communications Management*, Elsevier, Oxford.

Egan, J. (2007) *Marketing Communications*, Thomson Learning, London.

Fill, C. (2007) *Marketing Communications*, Butterworth-Heinemann, Oxford.

Hackley, C. (2005) *Advertising and Promotion*, Sage, London.

Kapferer, J. N. and Bastien, V. (2009) *The Luxury Strategy*, Kogan Page, London.

Lea-Greenwood, G. (2008) 'Fashion Marketing Communications' in M. Easey (ed.), *Fashion Marketing*, 3rd edition, Blackwell Science, Oxford.

학습활동

1. 한 회사를 선택하고 그 회사의 판매촉진 전략을 분석한다. 어떤 전략을 사용하였고, 왜 사용하였는지 논의한다.
2. 규모의 경제성과 통합을 위해 같은 이미지나 또는 약간 수정된 이미지를 사용한 광고, 점포 내 포스터, 간접광고 혹은 다이렉트 마케팅 도구들을 찾아본다.

3
미디어 채널과 도구

재능 없는 사람이 도구를 탓한다.

— 속담

이 장에서는

- 회사에서 이용가능한 마케팅 커뮤니케이션 도구에 대하여 살펴본다.
- 각 미디어 채널과 도구에 대한 장점과 단점에 대하여 알아본다.
- 패션산업의 미디어 채널과 도구에 대한 사례를 살펴본다.

서론

리서치가 진행되면 이루어야 할 목표가 설정되고 전략이 결정된다. 그 과정에서 성공하기 위한 미디어 채널과 방법을 선택하게 된다. 이 장에서는 우리가 사용하는 미디어 채널과 도구에 대하여 알아보도록 한다. 또한 언제, 어디에서, 왜 우리가 그러한 수단과 미디어 채널을 사용하는지 알아본다.

몇몇 수단과 미디어 채널은 패션산업에서 중요하게 취급하여 각 장으로 구성하였다. 제4장에서는 잡지를, 제5장에서는 대중과의 관계, 제6장에서는 보증된 유명 인사들의 역할, 제7장 소매환경 그리고 제8장에서는 마케팅 산업에 대하여 알아본다.

판매 촉진 믹스의 도구들은 간단하게 다음과 같이 설명할 수 있다.

- 광고
- 홍보
- 직거래
- 인적 판매

통합이라는 것의 본질적인 의미는 위의 네 가지 커뮤니케이션 도구들 간의 정보교환을 포함하여 서로 겹치며 오버랩되는 경우가 많은 것을 의미한다. 한 부서나 대행사는 기업들 간의 커뮤니케이션을 감독한다.

그렇지만 본질적인 패션 마케팅은 다음과 같은 도구들을 추가해야 한다.

- 소매환경
- 구전, 웹 커뮤니케이션과 소셜미디어

판매 촉진 믹스(promotional mix) 범주 간의 구분이 점차 모호해지고 있어 이러한 요소들의 사용을 통합적으로 접근해야 한다.

광고

광고는 기업의 모든 외형적인 커뮤니케이션을 일컫는다. 이는 기업으로부터 유래하며, 다음과 같은 미디어 광고가 포함되어 있다.

- 텔레비전
- 영화
- 잡지와 신문
- 라디오
- 옥외 광고와 교통수단
- 인터넷

특정 매체의 선택과 매체에 따른 광고 비용은 얼마나 많은 수의 대중이 보고, 읽고, 듣는지에 따라 결정된다.

광고 비용은 웹사이트를 통하여 접속하느냐 또는 출판 발행물이냐에 따라 결정된다. 이 비용들은 미디어 공간을 위한 것이고, 광고촬영과 관련된 비용을 반영하지 않는다. 광고에 이국적인 장소나 유명 사진작가, 모델들과 스타일리스트들이 반영되면 비용은 매우 높아진다.

광고와 홍보 사이에는 애드버토리얼(논설형 광고)이 있다. 애드버토리얼은 기업이 페이지 전면을 사용하며, 기사를 쓰는 저널리스트에게 기업과 제품에 대해 직설적인 광고 형식보다는 사설적인 글을 써줄 것을 요구한다. 기업은 그 지면을 확실하게 후원하지만, 유명인사나 스타일리스트 또는 전문가는 브랜드와 관련된 속성을 확인해준다. 애드버토리얼은 비대인적 커뮤니케이션 활동(ATL)도 아니고, 대인적 커뮤니케이션 활동(BTL)도 아니다(제2장 참조). 애드버토리얼은 이 중간에 혹은 양쪽에 걸쳐 있는 것으로 볼 수 있다. 커뮤니케이션 활동의 분류(line) 개념은 점차 모호해지고 있어 이제는 분류 자체가 의미가 없는 것으로 보인다.

모바일 기기의 광고는 다이렉트 마케팅으로 구분된다.

텔레비전 광고

TV 광고는 높은 도달률을 지녔는데, 이는 다양한 인구통계학적 특성을 지닌 많은 사람이 볼 수 있음을 의미한다(인구통계란 청중을 연령, 성별, 삶의 방식에 따른 특징에 따라 설명하는 것을 말한다). TV 광고는 전문적인 제작 비용과 수요가 가장 높은 미디어 프로그램(가장 인기 있는 TV 쇼의 광고시간)을 선점하는 비용이 높기 때문에 가격이 비싼 편이다.

TV 광고는 많은 시청자를 끌어들일 수 있도록 매력적이어야 한다. 따라서 TV 광고는 영국 리테일러 막스 앤 스펜서(M & S, Marks and Spencer), 갭(Gap), 나이키(Nike) 그리고 리바이스(Levi's)와 같이 넓은 지역과 다양한 인구층을 갖고 있는 브랜드와 소매업체에 더 적합하다.

TV 광고는 음악과 동작으로 좋은 효과를 낼 수 있다. 그리고 3차원적이고 주의를 끌 수 있지만 보편적으로 30~60초 사이에 광고를 마쳐야 한다. 짧은 광고시간에 모든 상품군을 보여줄 수 없으므로 집중하는 상품에 초점을 두어 이미지를 완성시켜야 한다. 리바이스의 대표 광고를 보면 빨래방을 배경으로 "Heard It Through the Grapevine"이라는 배경음악을 사용하면서 '501 스타일' 청바지만 보여준다. 이 광고는 매장에서 501 스타일 청바지의 매진으로 이어지게 하였다.

TV 광고는 수요를 매우 효과적으로 유도할 수 있어 바이어와 머천다이저가 초입 단계부터 제품을 이용가능하게 하고 소비자의 실망을 막을 수 있도록 이러한 과정에 개입되어야 한다. 이와 반대로 소비자는 그 제품이 너무 인기가 많다고 생각하고 다른 사람들과 똑같이 보이고 싶어 하지 않을 수 있다.

소비자는 자신들에게 적합한 상품이 아니라고 생각될 때는 그 광고에 집중하지 않는 '선택적 지각'을 한다. 그러한 경우 광고하는 동안 채널을 돌리거나, 무시하거나 혹은 광고 없이 보는 인기 프로그램의 재방송을 보기도 한다. 그러나 시그니처 음악(musical worm)은 소비자의 주의를 끌 수 있다. 시그니처 음악이란 들을 수 있는 상표나 상징으로, 예를 들면 딸랑거리는 맑은 소리를 들으면 인텔의 광고나 브랜드를 나타내고 있다는 것을 즉시 알 수 있는 것을 말한다.

TV 광고 장면이 잡지나 매장, 옥외 광고에서 반복되어 통합적으로 캠페인을 진행할 경우 비용 면에서 효과적일 수 있다. 그러나 그것은 미디어 환경을 포화시키고, 소비자들은 같은 사진들을 계속 보게 되므로 지루하거나 피곤하게 느낄 수 있다.

TV 광고는 관객의 구성을 목표로 한다. 영국의 가장 유명한 드라마인 **코로네이션 스트리트**(Coronation Street, 1960년 방영된 영국 드라마로 기네스북에 오른 최장수 드라마)의 TV 중간 광고는 주기적인 기본 편성으로 가장 가격이 높았다. 왕족이나 유명 인사들의 인터뷰 같은 TV 스페셜 편성들 또한 높은 가격과 많은 경쟁이 요구된다. 광고가 나오는 동안 다른 채널로 돌리지 않고 계속 시청하게 한다는 점에서 TV 시청률은 중요하다.

지상파 TV를 보는 시청자의 수가 감소함에 따라 광고 가격도 끊임없이 내리고 있다. H&M은 이전에는 광고비가 매우 비싸고 타깃 소비자를 규명하기 쉽지 않았던 TV 광고 시장으로 들어왔다. 지상파나 위성 채널에서 볼 수 있는 패션, 모델링, 무엇을 입을지와 리얼리티 같은 특화된 TV 프로그램은 경쟁적인 가격과 구체적인 인구통계학적 특성을 명확히 할 수 있다. 이러한 프로그램들은 청중의 대다수가 목표시장에 포함되므로 광고주들에게 매우 매력적이다.

백화점에서 한 번 하는 특별 세일을 위한 TV 광고는 일반적으로 판매 전날 밤에 방송하게 되는데, 이는 소비자들로 하여금 구매를 유도한다.

극장영화 광고

영화 광고는 TV 광고 버전을 그리고 18세 이상 관객에게는 좀 더 솔직한 버전의 광고를 확장시킬 수 있다. 길어진 광고는 더 많은 이미지와 상품의 정보를 제공할 수 있다. 영화는 조금 더 표적화된 관객들에게 다가갈 수 있는데, 예를 들면 액션 영화, 코미디, 로맨스 영화들은 그 나름의 관객군을 가지고 있기 때문이다. 영화 속에 상품을 배치하는 것 역시 광고 효과를 가져올 수 있다. 영화 광고는 지역 특성을 고려하여 나타낼 수 있고, 지역의 패션몰을 광고할 수도 있다. 그러나 몇몇 지역 광고는 전문성이 결여될 수 있고, 아마추어처럼 보여서 야유를 살 수도 있다.

영화 악마는 프라다를 입는다(The Devil Wears Prada)는 럭셔리 브랜드의 위치를 보여주는 기회가 되었다. 샤넬 넘버 5는 실제 출시 1년 후에 니콜 키드먼의 홍보로 재사용되었다. 샤넬은 끊임없이 영화 속에서 이름이 거론되는데, 극중 앤 헤서웨이는 샤넬 옷과 액세서리를 착용함으로써 괴짜 이미지에서 패셔니스타로의 이미지 변신을 이끌어내었다.

영화 관객은 영화를 보기 위해 비용을 지불하였고, 어느 정도 영화의 매력에 빠져 있다고 할 수 있다. 어떤 경우에는 영화 관객은 TV 시청자들보다 영향을 쉽게 받을 수 있다. 그러나 영화가 시작되는 것을 기다리지 못하고 광고 시간에 팝콘을 먹거나, 자리를 찾거나, 잡담하며 (다른 사람을 불쾌하게 만들며) 보내는 경우도 있다. 또 어떤 사람들은 광고가 끝나고 영화가 시작할 때 들어오기도 한다.

영화 광고는 TV 화면보다 큰 화면으로 보여지므로 훨씬 깊은 인상을 준다. 그래서 영화 필름을 이용하여 의사소통하는 것이 더 길게 상용하고 효과적일 수 있다. 가끔 사람들은 영화나 예고편이 시작되었다고 생각하지만 영화와 같은 광고일 수 있다. 많은 유명한 영화감독이 상징적인 광고 연출을 통해 매체에 대한 첫 경험을 얻는다는 것은 놀라운 일이 아니다. 파이트 클럽(Fight Club, 1990)의 감독 데이비드 핀처(David Fincher, 에이리언 3 감독)도 나이키, 리바이스, 아디다스 광고를 감독하였다.

전국적으로 광고를 출시하기 전에 광고를 테스트하기에 극장은 유용한 편이다. 관객들은 영화가 끝난 후 종종 마케팅 리서치의 대상이 되기도 한다.

잡지 광고

패션 소매상과 브랜드에게 잡지 광고는 잡지 구독자를 집중적으로 표적화할 수 있기 때문에 비용 대비 가장 효과적인 광고 매체라 할 수 있다.

소비자들은 잡지를 대강 읽어 보거나 뉴스 특집 기사와 트렌드의 조합을 위해 잡지를 활용하기 때문에 광고의 위치가 매우 중요하다. 이 부분은 제4장에서 자세히 다룰 것이다.

잡지는 패션 광고의 생명이라 할 수 있는 선명한 색상을 사용하며, 매끄러운 종이에 인쇄되어 광택잡지(glossies)라 불리기도 한다.

TV 광고의 한 장면을 잡지 광고에 반복 사용하여 소비자에게 광고를 빨리 생각나게 하는 효과를 가져올 수 있다.

광고주에게 주요 패션 출판물은 신문에 비해 비싼 편이지만, 독자들이 읽고 또 반복하여 읽을 수 있다. 또 서로 빌리거나 빌려주기도 하는 등의 도달률 때문에 비용적 가치가 있다고 할 수 있다. 잡지의 내용을 '읽는다는 것'은 '정독'을 하거나 여러 번 대충 '넘겨보는 것'을 의미하는데, 이는 광고에 대한 소비자의 노출을 증가시킨다.

신문 광고

신문은 매일 또는 주간으로 국가나 지역에서 볼 수 있고, 따라서 다른 청중을 표적화하고 다양한 주제를 다루기에 유용한 편이다. 잡지와 달리 신문은 읽고 나서 바로 버리므로 광고 채널의 목표는 즉각적인 반응이다.

패션 기업들은 신속하게 오늘이나 내일의 '하루 세일(one-day sales)' 광고를 하거나 예시 상품을 보여줄 수 있다. 신문의 쿠폰을 잘라 즉시 사용할 수 있고, 독자들을 기업의 웹사이트로 유도할 수도 있다.

신문은 대부분 흑백이기 때문에 컬러를 사용할 경우 눈에 띈다. 디지털 프린팅은 최근 더욱 저렴해지고 선명하다.

신문은 가족 모두 서로 다른 기사를 선택해 읽을 수 있는데, 남성들은 스포츠 면을 주로 보고, 여성들은 패션 면을 보게 되는 경향이 있다. 그러므로 광고의 위치를 신중하게 고려해야 한다. 특정 지면의 가격과 위치는 얼마나 많은 독자가 광고를 보고 읽는가에 따라 달라진다.

신문 광고는 독자 수를 목표로 한다. 일례로 파이낸셜 타임스(Financial Times)나 월 스트리트 저널(Wall Street Journal)은 전문적인 사회 집단을 타깃으로 하므로 비즈니스 복장과 같이 표적집단의 욕구와 관심에 적합한 광고를 해야 한다.

신문 구독층은 인터넷 뉴스의 24/7(24시간 7일 동안 매일)에 의해 감소하는 추세이다.

그러나 주말에는 컬러판이 부록으로 나오는데[예 : FT의 'How to Spend it'과 선데이 타임스(The Sunday Times)], 컬러판 부록의 스타일 섹션은 소비자에게 새로운 광고를 보여준다. 이러한 부록은 잡지에서 하는 것처럼 오래 유지되지는 못하나 같은 방법으로 트렌드나 유명인사의 정보를 제공할 수 있다.

라디오 광고

라디오는 다양한 기회를 제공하는 커뮤니케이션 채널이다. 하지만 궁극적으로 대다수의 광고주에게, 특히 패션 분야에 불리한 편이다. 라디오는 시각적 자극을 줄 수 없지만 캐치 프레이즈나 음악과 같은 연상기호가 매장이나 브랜드와 연관이 된다면 효율적일 것이다.

세일과 같은 일회성 특별 이벤트는 판매를 촉진하지만 라디오는 소리를 크게 내 고객의 주의를 환기시키는 경향이 있다. 영국의 광고표준위원회(Advertising Standards Authority, ASA)는 광고하는 동안 라디오 음량이 점점 더 커지는데, 이는 이미 잡음이 많은 환경에 있기 때문에 음량이 점점 더 커지는 경향이 있는 것 같다고 하였다.

지역방송 라디오는 해당 지역의 상점 광고를 할 수 있는 기회를 주지만 세련되고 전문가적이지 않을 수 있다. 그러나 라디오는 다른 미디어에 비하여 광고비용이 저렴하다.

옥외 환경매체

기업들은 길가의 옥외 광고와 복잡한 교차로를 종종 광고 수단으로 사용한다. 그렇지만 옥외 광고는 보행자 또는 운전자를 산만하게 만들어서는 안 되며, 사고 유발을 방지하기 위하여 많은 텍스트를 사용하지 않는 경향이 있다. 옥외 광고는 힐끗 보게 되지만 쇼핑 여행길에 있는 소비자에게 브랜드를 상기시키고, 잡지나 TV에서 보던 이미지가 반복됨으로써 이전의 기억을 강화시키는 역할을 한다.

마탈란(Matalan, 영국의 할인매장)은 외곽 상점 근처 주요 거리에 옥외 광고를 사용하는데, 이 광고로 운전자가 상점을 찾도록 자극할 수 있다.

옥외 광고는 장소에 따라 상대적으로 가격이 저렴한 편이다. 제이씨데코(JC Decaux,

아웃 오브 홈 미디어 전문기업)의 웹사이트 또는 옥외 미디어 기업을 살펴보자. 옥외 광고는 운전하는 사람들이 일터로 가기 위해 같은 길을 다니므로 자주 새롭게 해주어야 한다. 옥외 광고는 날씨 때문에 찢어지기도 하고 그래피티 작가들에 의해 손상되기도 한다. 현대 기술은 종이 포스터를 전자 스크린으로 바꾸었고, 전자 광고판을 발전시켰다. 전자 광고판은 (이런 것들은) 매일 바뀌거나 혹은 심지어 하루에 시간별로 바꿀 수 있어 인기가 점차 높아지고 있다. 또한 움직이기도 하여 주의를 끌 수 있다.

운송수단 광고

대중교통(도시의 지하철, 기차역과 버스 정류장)을 기다리는 동안 교통수단을 이용하여 출퇴근하는 사람들은 어쩔 수 없이 광고의 표적이 되어 머리를 식힐 거리를 찾게 된다. 이러한 홍보에 파묻히게 되는 환경 속에서 이들은 적극적으로 광고를 차단(선택적 지각)하거나 책을 읽는다. 많은 교통 이용자들은 같은 장소를 매일 이용하는 경우가 많아 광고를 자주 바꾸어주어야 한다. 왜냐하면 친숙함은 무관심이나 신경을 쓰지 않게 만들기 때문이다.

도로 위의 많은 택시, 버스, 대중교통은 광고수단으로 널리 사용되었다(그림 3.1). 주요 쇼핑 구역과 같은 인기가 많은 경로는 시골이나 외곽 지역보다 가격이 더 비쌀 것이다. 옥외광고 내용은 버스가 다니는 경로에 적합해야 한다. 영국의 광고표준위원회는 몇몇 광고가 너무 음란하다고 비판하였다.

인터넷 광고

기업 웹사이트는 소비자가 적극적으로 찾아보기 때문에 광고로 이용될 수 있다. 대부분의 미디어 채널은 웹 주소를 연락수단으로 제공하고 있다. 팝업 광고들은 갑자기 생겨나 귀찮게 하기도 한다.

요즘 소비자들은 브랜드의 이메일 알림이나 모바일 어플리케이션에 가입할 수 있다. 이러한 형태는 브랜드에 대한 소비자의 능동적인 태도라 할 수 있다. 그러나 기업들은 기업이 수집하는 소비자의 정보를 책임감 있게 사용하고 상도의에 어긋나지 않도록 사용해야 한다. 소비자의 동의를 구하지 않고 소비자의 이름, 관심 분야 또는 가족에

그림 3.1 버스나 택시 광고

관한 사항 등의 정보를 전달하는 회사에 소비자는 부정적인 태도를 가지게 된다.

아마존(Amazon)은 패션기업은 아니지만 인터넷을 잘 활용하는 기업의 사례이다. 아마존은 동일한 제품을 구매했던 소비자가 구입한 다른 상품들을 소비자가 웹사이트에 다시 접속했을 때 제안해준다. 아마존에서 구입해봤다면 입증될 수 있는 것같이, 아마존의 구매행동 관찰은 매우 정확한 편이다. 네터포르테(Net A Porter)나 다른 패션 기업들도 아마존의 사례를 바탕으로 소비자의 기호나 맞춤화한 소비자 욕구에 대하여 소비자 본인에게 알려주고 있다.

SMS(문자 메시지) 커뮤니케이션은 마케팅 커뮤니케이션에서 핵심적인 수단으로 사용되는 과학의 또 다른 예이다. 이러한 커뮤니케이션이 표적화되고 받아들여질 때 유용한 상기도구가 된다. 그렇지 않을 경우 거슬리게 된다.

홍보

홍보는 기업들이 기업의 마케팅 믹스, 이미지, 기업 윤리성을 소비자에게 보여주는 것을 뜻한다. 홍보는 광고보다 판매 촉진의 형태가 덜 명백하다고 할 수 있다. 기업 혹은 브랜드가 홍보에 미숙하다면 영향력 있는 스타일 리더로 홍보하는 것을 추천할 수 있다. 기사 정보는 기업이 제공하지만, 최종적으로 기자집단(press pack), 보도자료, 샘플 의상을 사용하는 저널리스트의 손에 달려 있다.

소비자가 트렌드 리더나 스타일리스트를 정보원으로 활용하거나 특히 잡지나 블로그를 볼 때 트렌드에 대한 영감을 얻고자 할 경우 패션기업에게 홍보가 특히 적합하다. 홍보는 다음과 같은 활동을 포함한다.

- **언론관계**(press relationship) : 샘플과 스토리에 관한 홍보기능에 의지함에 따라 보도는 매우 중요하다.
- **보도자료**(press release) : 매체에 브랜드나 스토리, 새로운 컬렉션, 이벤트를 알기기 위해 PR을 사용한다.
- **스폰서십과 유명인 관리**(sponsorship and celebrity management) : (제6장에서 자

세히 다룬다.)
- **간접광고**(product placement)
- **이벤트 관리**(event management) : 대중이나 저널리스트 등을 위함
- **위기 관리**(crisis management) : 네거티브 광고에 대한 대응 관련
- **게릴라 캠페인**(guerrilla campaign) : 비교적 가격이 낮고 쿠폰이나 구전효과를 통하여 소비자에게 전파되는 광고
- **팝업 스토어**(pop-up store)
- **소셜미디어**(social media) : 페이스북이나 팬 사이트, 블로그

간접광고

유명인이나 잡지 패션 사진 속 간접광고의 가장 큰 장점은 신뢰를 바탕으로 한다는 것이다. 일반적인 패션 소비자들은 보도자료나 유명인이 주간 TV 프로그램이나 영화 속, 패션 잡지와 같은 미디어에서 착용한 패션 아이템이 거대한 홍보라는 것을 의식하지 못한다. 잡지사에서 '이번 시즌의 인기 아이템 리틀 블랙드레스'를 다루면, 회사나 외부 홍보 대행사는 이러한 아이템을 제공한다. 일반적인 패션 소비자들은 편집팀이나 스타일리스트가 이러한 아이템을 개인적으로 선정하고 독자들에게 보여준다고 믿지만, 현실은 다소 다르다.

단점은 호의적이지 않게 보도될 수 있다는 점이다. 예를 들면 저가 제품들이 같이 보여질 수 있다. 그렇지만 어떤 홍보든 효과적인 홍보가 될 수 있다. 패션 소비자는 럭셔리나 하이 스트리트에서 통용되는 트렌드를 알기 때문이다.

소매상이 소비자 욕구를 충족시킬 수 있는 상품 및 유통 채널이 없는 경우 간접광고는 또 다른 단점이 될 수 있다. 이러한 점은 소비자에게 불만족과 부정적 태도를 야기할 수 있다.

이를 방지하기 위하여 기업이나 잡지, 소매점은 공유되는 정보를 계속 접하는 것이 중요하다.

어떤 경우에는 더 이상 시중에 없거나 한 번도 유통되지 않은 제품이 편집에 사용되는

경우도 있다. 이러한 예는 주제와 맞는 이미지를 무작위로 쓸 때 생긴다. 이 경우 잠재 고객에게 나쁜 인상을 심어줄 수 있다.

간접광고의 가치는 과학적으로 정확하게 말할 수는 없지만, 신뢰를 바탕으로 하기 때문에 대략적으로 전통적인 광고 방식보다 3배 정도의 효과가 있다고 보고 있다. 예를 들어 영향력 있는 스타일 리더가 귀사의 브랜드에 대하여 이야기를 한다면 승인된 성공가도가 시작된다.

팝업 스토어

팝업 스토어는 소매업체에서 일반적으로 고려하지 않거나 단독 행사를 진행하는 위치에 단기 임대하는 것을 말한다. 팝업 스토어는 점포 위치를 테스트하거나 주요 매장을 방해하지 않는 범위에서 절제된 방식으로 새로운 점포 디자인을 시도할 경우 매우 효과적일 수 있다. 또한 보도자료를 장식할 수도 있다.

소셜 네트워킹

소셜미디어는 기업이 소비자와 소통하는 가장 중요한 수단 중 하나이다. 푸시 전략(push strategy, 기업이 고객에게 일방적으로 전달하는 방식으로 긍정적인 반응을 기대) 대신 소셜미디어는 양방향 커뮤니케이션을 이끌어내는 풀 전략(pull strategy)을 포함한다. 브랜드 페이스북상에서 '좋아요'라는 표시는 브랜드 팬으로 커뮤니티에 가입했음을 의미한다. 이러한 미디어 채널은 보통 홍보대행사가 운영하며, 누가 브랜드에 대해 언급하는지를 보기 위해서 블로그를 대대적으로 조사한다.

직접 마케팅

직접 마케팅은 기업과 고객의 일대일 커뮤니케이션(B2C)과 기업과 기업 간의 커뮤니케이션(B2B)을 말한다. 패션 관련 기업은 고객과 다음과 같은 방법으로 소통할 수 있다.

- 우편 대량 메일
- 이메일 또는 SMS 커뮤니케이션
- 모바일 같은 어플리케이션
- 전화

패션산업에서 기업은 다른 기업과 다음과 같은 방법으로 소통할 수 있다.

- 대량 메일
- 이메일
- 전화
- 무역 저널
- 트레이드 쇼나 박람회

직접 마케팅은 표적이 명확하다면 이익이 될 수 있지만, 매스 커뮤니케이션은 소비자와 무관하거나 거슬리게 할 수도 있다. 소비자는 종종 '정크메일'이란 용어로 메일을 열어보지도 않고 쓰레기통에 버리거나 수신함에서 바로 삭제해버린다. 이러한 경우 브랜드는 소비자에게 가까이 다가갈 수 없다.

대량 메일을 보내는 기업들은 그들의 상당한 노력이 쓸모없음을 알고 있지만, 경품 추첨 제공이 인센티브가 될 수도 있다.

보덴(Boden, 1991년 영국에서 만들어진 의류 브랜드 회사)은 소비자와 개인 맞춤 의사소통으로 직접 마케팅을 효과적으로 활용한 기업이다(그림 3.2).

대인 판매

대인 판매는 일대일로 정보를 제공하는 것으로 다음을 포함한다.

- 제품 관련 지식과 판매 기술에 대한 판매사원 훈련
- 대부분 백화점에 고용된 퍼스널 쇼퍼(맞춤 쇼핑을 도와주는 사람)

그림 3.2 보덴(Boden)의 광고 메일

- 고객 취향에 맞는 새로운 아이템 정보를 고객에게 개인적으로 연락하는 개인 고객관리

매장 안 판매사원은 표적고객을 반영한다. 연구에서 밝혀졌듯이 고객의 구매결정은 소매점에서 일어난다. 그러므로 판매직원의 역할은(상품 구색도 마찬가지) 긍정적이든 부정적이든 영향을 미친다.

전반적으로 기업은 대중시장에서 제품에 관한 지식과 훈련이 그다지 중요하다고 인식하지 않고 상위시장에만 적용하는 경향이 있었다. 흥미로운 사실은 영국에서 소매 관련 직업은 그다지 인기 있는 선택이 아니었다. 가장 바쁜 시기에는 대부분이 파트타임 직원이었고, 고객 응대 등 기본적인 업무도 훈련되지 않았다. 모든 구성원은 브랜드의 정체성과 성격을 나타내야 한다. 직원은 중요하면서도 열정적인 커뮤니케이션 수단이기 때문이다.

주인이 직접 경영하는 독자적인 소매상은 가장 우수한 서비스를 제공한다. 리테일 전문가 메리 포타스(Mary Portas)는 시장 안에서 더 좋은 서비스를 이끄는 소매 전문가로 알려져 있는데, "그 중심에는 수준 높은 판매와 서비스 경험을 제공하는 것이 소매업의 전부이다."라고 말했다.

대인 판매를 위해 구전 효과를 이용하기도 한다. 입소문 효과는 기업이 직접적으로 통제하지는 못하지만, 기업의 이미지와 소비자 인식에 영향을 준다. 블로그나 팬 사이트의 증가로 사용자의 의견이 무엇인지 기업이 만든 광고인지를 해독하기 어렵다. 긍정적이든 부정적이든 간에 고객이 생산해내는 홍보는 다른 소비자의 인식에 영향을 줄 것이다. 안타깝게도 소비자는 좋은 경험보다 나쁜 경험을 두 배 더 이야기하는 경향이 있다.

직접 마케팅은 광고, 홍보, 대인 판매 모두를 혼합하여 사용해야 한다.

소매환경

마케팅 커뮤니케이션 도구와 관련하여 소매환경 그 자체만을 고려하는 교재는 많지 않다. 많은 책에서 상품이 판매되는 모든 환경은 동일한 것으로 가정한다. 이것은 신속하게 판매되는 소비재를 취급하는 슈퍼마켓에서는 사실일 수 있으나, 비슷한 상품이 비슷한 세분시장을 대상으로 하는 패션업계에서는 소매환경이 경쟁적 우위를 나타내는 일부분이라고 할 수 있다.

소매환경은 '침묵하는 세일즈맨'이라 불린다. 소매환경은 매장이 무엇을 나타내고자 하는지 이미지, 진열, 분위기, 음악으로 의사소통해야 한다. 구매결정의 거의 3/4 정도가 매장에서 이루어지기 때문에 매장의 레이아웃, 매력성, 착용이나 구매용이성이 과소평가되어서는 안 된다. 커뮤니케이션의 한 방법으로 소매환경 자체의 권리는 고려되어야 하며, 이는 제7장에서 자세히 다룰 것이다.

물리적 점포 자체와 이미지는 시각적으로 묘사된다. 소비자가 매장에 발을 들이는 순간 구매결정을 하게 하는 매장(Lea-Greenwood, 1988)의 요소는 다음과 같다.

- 윈도 디스플레이
- 점포 내 비주얼 머천다이징
- 매장 레이아웃과 쇼핑의 용이성
- 다른 고객들
- 판매사원
- 음악을 포함한 전체적인 분위기

광고 캠페인은 종종 포스터 및 의류 스윙 티켓에 사용된다. '그라치아(Grazia)에 광고된'과 같은 쇼카드는 고객에게 현재 그 제품이 트렌드임을 확인시키는 역할을 한다.

패스트 패션 스토어에서 고객과의 커뮤니케이션은 명확하다. 예를 들면 집기류 위에 '사라지기 전에 지금 구입하세요', '신상입고' 또는 '절호의 마지막 기회' 등의 사인들을 통해 명확히 전달한다. 매장 뒤쪽에 베스트셀러 상품을 배치하기보다는 쇼윈도에 인기 상품을 진열할 수 있다. 매장의 쇼윈도 전시는 확실한 판매 통로의 역할을 하며 스타일에 대한 완벽한 판매 창구이다. 탑샵(Top Shop, 영국의 의류브랜드)은 '마지막 구매 찬스'라는 문구를 상점 앞에 진열하는 기술을 사용한다.

소매 매장은 유행에 쉽게 뒤떨어지기 쉬운 단점이 있으므로 고객의 다양한 욕구를 충족시키기 위하여 의류 매장의 디자인 방법을 실용적이며 자주 업데이트해야 한다. 프라다, 루이비통, 나이키 등의 소매상들은 플래그십 매장의 환경을 판매에 중점을 두는 인테리어 대신에 예술에 중점을 두는 환경으로 변화시키려고 한다. 이러한 방법은 자사 브랜드에 대한 고객의 교육과 공급 제품에 대한 정보교환을 원활하게 한다.

많은 패션 회사가 소매점 매장만을 쇼케이스라고 생각하였다. 그러나 최근 인터넷 환경의 변화로 패션 기업들도 인터넷 상거래에 관심을 가지기 시작하였다. 어떤 경우에는 마지못해 전자상거래 개발을 하고 있기도 하다. 자라(Zara)는 온라인 쇼핑몰 웹사이트를 2010년 중반에 시작하였다. 온라인 쇼핑몰이라는 커다란 도전은 소매환경을 재창조하는 자극제가 되었다. 온라인 쇼핑몰은 3D 이미지, 아바타, 클로즈업 애플리케이션과 같은 기술 발전에 의하여 점차 복잡해지고 있다.

요약

이 장에서는 패션업체가 사용할 수 있는 커뮤니케이션 도구의 장점과 단점을 설명하였다. 커뮤니케이션 도구들은 단독으로 사용되기보다는 패션 마케팅 커뮤니케이션의 통합된 접근방식의 일부로 사용된다.

참고문헌

The Devil Wears Prada, film (2006) directed by David Frankel. Fox 2000 Pictures, USA.

Lea-Greenwood, G. (1998) 'Visual merchandising: a neglected area in UK fashion marketing?', *International Journal of Retail & Distribution Management*, 26(8): 324–329.

National Skills Academy, *The Guide to Successful Retailing – Inspired by Mary Portas*, www.nsaforretail.com/NSAR/Retailers/GuidetoSuccessfulRetailing/.

학습활동

1. 지상파나 위성방송 TV에서 다른 세분시장을 공략하는 광고를 모니터링한다. 표적시장을 명확하게 규명한 프로그램을 고려한다.
2. 영화관에서 영화 장르와 관련하여 광고의 길이, 소리, 창의적인 요소, 주제나 브랜드를 관찰해본다.
3. 취미나 관심 분야와 관련하여 잡지에 나타난 패션 광고의 종류를 살펴본다.

4. 서로 다른 청중을 위한 신문을 선택하여 광고의 종류를 비교해본다.
5. 라디오 광고는 어떤 회사가 하고, 누가 청취하는가?
6. 일주일 단위나 아니면 더 긴 기간도 좋고 일정한 출퇴근 시간에 노출되는 광고를 메모해본다. 어떤 점에서 광고를 차단하고, 어떤 광고에 주목하는지 살펴본다.
7. 여러 가지 패션 웹사이트를 구독하고 전반적인 대화를 모니터링해보고, 개인적인 메시지에도 집중해본다. 어떤 소매상이 당신에게 강한 메시지를 던지는가? 정확한 메시지를 사용하는가? 당신이 관심 있는 부분을 잊은 것 같은가? 당신과 당신의 니즈를 개인적으로 언급하는가?
8. 작품 속 광고를 찾아본다. 일반적인 고객이라 생각한 후 매장이나 웹사이트에서 작품 속 제품을 찾아본다. 미디어에서 소개된 제품에 관심을 가지는 고객과 매장 직원 사이에서 커뮤니케이션의 수준을 관찰해본다. 매장의 직원은 그 제품이 잡지에 소개된 것을 알고 있는가? 이미 모두 완판되었는가? 다시 매장에 입고되지는 않는가?
9. 평상시 자주 가지 않는 매장을 방문하여 매장환경이 어떻게 주요 고객층과 커뮤니케이션을 하는지 관찰해본다.

4
잡지의 영향력

남성들 자신이 모른다고 생각하지 않기 때문에 남성 잡지에는 거의 조언이 없다.
여성들도 그렇지만, 여성들은 배우길 원한다.

— 제리 세인필드(Jerry Seinfeld), 코미디언, 영화배우

이 장에서는

- 패션 잡지의 중요성에 대하여 알아본다.
- 잡지와 소비자와의 관계에 대하여 설명한다.
- 비용, 판매량과 잡지 내용 사이의 관계에 대하여 설명한다.
- 간접광고의 역할과 가치에 대하여 설명한다.

서론

잡지는 패션 마케팅에서 기본적인 의사소통의 도구이다. 패션 소비자는 잡지로부터 전반적으로 새로운 트렌드가 무엇인지, 유명인사들이 무엇을 입고, 어떤 스타일이 어울리는지에 대해 배우게 된다. 또한 독자들은 스타일과 몸매에 관한 다소 부정적인 것을 잡지로부터 습득하기도 하지만, 잡지는 그런 문제들을 어떻게 해결하는지를 조언해주기도 한다. 잡지는 스타일을 가르쳐주는 개인교사이자 독자들이 가이드라인을 얻을 수 있는 신뢰받는 정보의 원천이라 할 수 있다.

잡지는 몇 가지 특징을 갖는다. 패션 잡지는 몇 가지 특징을 가져야 하는데, 그렇지 않으면 독자는 잡지를 시시하게 보는 경향이 생긴다. 잡지 종류에 따라 스타일, 분위기, 특징이 다르게 나타난다. 예를 들면 보그(Vogue)에서 유명인의 특징을 한 주 동안 비교해보면 잡지의 서로 다른 성격을 알 수 있다.

잡지는 패션에 관련된 위기를 해결함과 동시에 오락을 주는 역할을 한다. 페미니스트 작가 글로리아 스테이넘(Gloria Steinem, 1934년 미국 출생의 작가, 편집장, 여성운동가)는 "잡지는 여자를 더 크고 더 나은 소비자로 만든다."라고 하였다. 어찌되었든 패션 잡지는 큰 비즈니스이다. 그 예로 보그, 그라치아(Grazia), 엘르(Elle) 같은 잡지들은 그 자체가 글로벌 브랜드이다.

잡지는 매우 특별한 특별한 패션 소비자를 목표로 하므로, 모든 패션 소비자에게 맞지 않을 수 있다. 즉 다음의 예에서 보여주듯이 다른 유형의 패션 소비자만을 목표로 하기 때문이다.

- 혁신자 또는 전기 스타일 수용자 – 예 : 보그, 피오피(POP), 페이스(Face)
- 패션에 열정적인 사람들 – 예 : 그라치아
- 후기 스타일 수용자 – 예 : 클로저(Closer), 모어(More)

인기 있는 잡지는 소비자 눈높이에 맞게 가판대에 진열되고, 이는 곧 판매로 이어질 수 있다(그림 4.1). 주로 주간 잡지나 유명인을 다루는 잡지는 계산대 근처에 놓여 있

그림 4.1 잡지 판매대

어 판매시점에서 쉽게 구매가 가능하게 하는 '판매시점 잡지 가판대(Point-of-sale fixture)'를 가지고 있다. 이는 판매시점에서 소비자의 충동구매를 일으킬 수 있다.

잡지의 레퍼토리

의복 구매 시 소비자는 환기 상표군(evoked set)을 갖는데, 이는 소비자 마음속에 가장 먼저 떠오르는 점포들이 정해져 있음을 의미한다. 즉 소비자들은 첫 번째로 방문하고자 하는 선호하는 점포 목록을 가지고 있다. 잡지도 다르지 않다고 할 수 있다. 소비자가 잡지 내용에 만족할 수 있도록 광고 및 특징이 모두 독자와 연관되어야 한다.

소비자는 습관의 창조물일 뿐 아니라 매우 게으른 면이 있기도 하다. 소비자는 자신에게 맞지 않는 매장에 가기 위해 시간을 낭비하지 않는다. 이와 유사하게 소비자들은 자신의 스타일이나 예산에 적합하지 않는 잡지에 시간이나 돈을 낭비하지 않는다.

소비자는 한 가지 잡지만을 읽지 않는다. 항상 읽는 가장 좋아하는 하나의 잡지가 있다. 하지만 인테리어, 요리, 정원 가꾸기 등 자신의 생활에서 또 다른 관심에 부합하는 다른 잡지도 구매할 것이다. 그라치아(Grazia)는 이런 모든 관심을 다룬 잡지라고 할 수 있다.

독자는 자신의 삶의 여러 단계를 통해 성장하는 것처럼, 잡지 레퍼토리도 변화한다. 이것은 제품 수명주기와 같다.

- 사진을 통해 이야기되는 단순한 스토리를 가진 어린이 잡지 또는 만화
- 프리 틴(pre-teen) 매거진
- 10대 잡지
- 영 어덜트 잡지
- 웨딩 잡지
- 홈 앤 가든 잡지
- 부모와 자녀 잡지
- 패밀리 라이프 스타일 잡지
- 취미 잡지

사례 연구 | 패션 잡지 독자

젊은 여성이 성장하는 동안 읽은 잡지에 대한 이야기이다.

- 11~13세[**미즈**(Mizz), **샤우트**(Shout)] : 나는 아이에서 10대 초반이 되면서 패션, 외모 및 뷰티에 대한 관심을 가지기 시작하였고, 내 나이에 맞는 주제와 팁이 있는 잡지들을 좋아했다. 잡지를 통하여 무언가 배운다고 느꼈다. 내 나이대의 모두는 이러한 잡지를 읽었고, 나는 또래 친구들에게 강하게 영향을 받았다.
- 13~14세[블리스(Bliss), 슈가(Sugar)] : 나는 **슈가**보다 **블리스**를 읽었다. 나와 같은 또래 친구들이 **블리스**를 소개해주었고, 무료 선물과 기사를 좋아하였다.
- 14~15세[**엘르 걸**(Elle Girl), **틴 보그**(Teen Vogue)] : 이 잡지는 조금 나이가 있는 여자아이들을 대상으

로 하는 것처럼 느꼈는데 내가 특히 좋아하였다. **틴 보그**는 내가 관심 있는 패션으로 주목을 끌었고 또 한 여러 나라 소녀들의 글과 기사가 실리는 것이 이 잡지의 특징이다. 어느 날 신문판매대에서 **엘르 걸**을 볼 수 있었고, 정말 좋아서 그 후로 정기적으로 구입하였다. **엘르 걸**은 미국 스타일의 **틴 보그**보다 패션 쪽에 더 많은 비중의 기사나 글이 실렸고, 주문제작 의류, 빈티지 의류 및 전형적인 하이 스트리트 점포가 아닌 숍들의 내용을 포함하고 있는 것이 특징이다. 이 **엘르 걸**은 내 친구들이나 내 또래의 다른 소녀들보다 나의 더욱 '개성적' 패션에 대한 욕구를 잘 채워주었다. 그 당시 내 또래 친구들은 아무도 **엘르 걸**을 읽지 않고, 나만 읽는다는 것이 참 좋았다. 그러나 **엘르 걸**이 월간 잡지에서 3개월마다 나오는 시즌 잡지로 바뀌면서 나는 더 이상 읽지 않게 되었다. 참 아쉬웠다.

✎ 16~18세[**글래머**(Glamour), **엘르**(Elle)] : 나는 이때 훨씬 더 성숙해졌다. 이 잡지도 내가 흥미를 느낄 수 있는 기사를 포함한 조금 나이가 있는 여자아이들을 목표로 하였다. **글래머**는 재미있고, 편안한 마음으로 즐길 수 있는 잡지였다. **엘르**는 내가 전에 들어보지 못한 유명한 브랜드에 대한 내용이 많았다.

✎ 21세[**엘르**(Elle), **드레이퍼스**(Drapers), **아이디얼 홈**(Ideal Home), **굿 하우스키핑**(Good Housekeeping)] :

- 나는 여전히 **엘르**를 읽고 있었다. 좋은 정보가 개재되어 있었으며, 뷰티 특집 기사는 화려했다. **엘르**의 가격이 그다지 비싸지 않았지만 나는 매달 구입하지 않았고, 내가 좋아하는 누군가에 대한 기사가 실릴 때만 구입하였다. 나는 점점 광고가 많아지는 **엘르**에 싫증이 나기 시작하였고, 더 유용한 기사를 선호하였다. 대학생활을 시작하면서 나는 **보그**를 읽었는데, **보그**의 시즌별 새로운 기사는 좋았던 것 같다.
- 나는 내 전공 공부를 위해 **드레이퍼스**를 읽기 시작하였다! .
- **아이디얼 홈**과 **굿 하우스키핑**은 내가 제일 좋아하는 잡지들이다! 특히 **굿 하우스키핑**은 나보다 훨씬 더 성숙한 연령대를 대상으로 한다. 패션을 하나의 큰 광고로, 내가 모든 것을 분석하여 순수하게 재미만을 위해 패션 잡지를 읽는 것은 나에게는 어려운 일이다. 비록 **굿 하우스키핑**은 비슷한 전술을 사용하고 있지만, 그것 또한 재미있고 유용한 정보가 게재되어 있다. 아이디얼 홈 역시 내가 좋아하는 잡지인데, 파트너와 함께 집을 사길 바라는 만큼 아이디어나 팁을 얻기를 기대한다.

돌이켜보면 잡지를 읽기 시작할 때 흥미로웠다는 생각이 든다. 나는 내 친구와 다른 사람의 영향을 받았다. 나는 패션에 강한 관심을 가졌고, 성장하기 시작하면서 또래 친구들보다 개성적이기를 원하였다. 이러한 취향이 잡지 선택에서도 반영되었던 것 같다.

요즈음 나는 친구들이 읽지 않는 조금 더 나이 든 사람들을 목표로 하는 잡지를 본다. 나는 내 나이 또래를 목표로 한 잡지나 내 친구들이 읽는 잡지는 읽지 않는 편이다. 나는 내 또래나 내 친구들보다 성숙한 편으로 파트너와 함께 생활하고 있어 이러한 것들이 잡지 선택에 영향을 주었다고 생각한다. 나의 이러한 경향이 내가 앞으로의 읽을 잡지 선택에 어떻게 작용할지, 혹은 내가 25세일 때 쯤에는 어떤 잡지를 읽을지 모르겠다. 아마도 **피플즈 프렌드**(The People's Friend)를 읽고 있을까?

패션시장과 마찬가지로 잡지시장은 15~24세 연령대에서 절정을 이룬다(Mintel). 15~24세 연령대가 절정을 이루는 것은 놀라운 일이 아니다. 잡지와 패션계는 대부분이 독신이고, 파트너(남친, 혹은 여친)를 찾고 있고, 자신들의 용돈을 의복이나 외식, 사교모임에 사용하는 이 연령대의 그룹으로 인하여 이익을 보고 있다고 할 수 있다.

그러나 여성의 교육기회가 점점 증가하고, 독신으로 아이도 없고 직업 여성이 점점 더 많아지면서 이러한 시장을 위한 새로운 잡지 그라치아(Grazia, 2005년 2월 창간)가 발매되었다(사례 연구 참조).

사례 연구 그라치아

시시각각 변하는 셀러브리티 문화에서 고급 주간 잡지 **그라치아**는 사회 속에 패션을 반영하고, 독창적인 내용과 창의적인 처리로 '우리 시대의 미디어 아이콘'으로 묘사되며 여러 가지 상을 수상하기도 하였다.

그라치아의 프로파일은[때론 미디어 팩(media pack)으로 불린다] 웹사이트에서 이용가능하다. 목표로 하는 대상과 어떻게 회사에 이익이 되는지에 대하여 구체적으로 설명해준다. **그라치아** 주요 광고주의 목록은 대부분 상위 브랜드를 반영하며, 사설에서는 나머지 브랜드를 다룬다.

그라치아는 경쟁이 치열한 잡지시장에서 가장 높은 신뢰도를 가지고 있으므로, 브랜드 인지도를 형성하는 데 그 잡지가 효과적으로 이용된다고 한다. 한 브랜드가 사설에 실려서 곧 매출이 증가하면, 그 브랜드는 **그라치아** 잡지 광고를 고려할 것이다.

주간 잡지는 월간 잡지보다 더 높은 구독률로 더욱 신속하게 단골고객을 확보하게 된다. **엘르**와 같은 월간 잡지보다 더 빠르게 고객에게 접근이 가능하며, 3.5개월의 발행주기를 갖는다. **그라치아**의 프로필에서는 **그라치아**가 경쟁사들을 언급하는 것을 주저하지 않으며, **그라치아**가 얼마나 성공적인가를 강조하고 있다.

22만 7,100권이 유통되고 55만 7,000명의 독자를 갖고 있는(유통량과 독자 사이의 차이점은 다음 절 참조) **그라치아**는 고급시장에서 유일한 주간 잡지이다. 독자의 77%는 ABCI 사회계층군이며, 37%는 ABs로 부유하고 프로모션 행사에 참여하는 반응 고객이다. **그라치아**의 편집장 제인 브루톤(Jane Bruton)은 2005년 10월 이미 포화상태인 시장으로 다른 잡지의 진입을 불가능하게 만들었다.

> 우리, 그라치아는 약속을 분명히 이행한다. 매장들이 우리에게 그것을 말해준다.
> 하비 니콜스(Harvey Nichols)는 **그라치아**가 광고한 '앤클라인' 가방을 구입하려고
> 긴 줄을 서 있다고 보고했다. 그라치아 웹사이트에 '프렌치 커넥션(French Connection)' 상의를
> 광고하자 판매가 80% 증가하였다. 영국의 단 하나의 고급 주간지인 그라치아를 위하여….
> 그라치아는 패션을 바로 고객에게 제공하며, 이는 곧 판매로 연결된다.
>
> *— Grazia.co.uk*

이것은 브랜드가 **그라치아**에 실리기를 원하는 강력한 이유이다. 온라인에서 당신은 실제로 모든 것을 **그라치아**의 추천을 통해 점포에 가지 않고도 살 수 있다.

(출처 : www.graziadaily.co.uk)

여성 잡지에서는 자주 남성복 광고를 포함시키는데, 그 이유는 여성이 남성복을 구입하기도 하고 남성에게 스타일이나 트렌드를 조언해주기 때문이다. 그라치아는 이러한 점을 인식하고 여성 잡지에서 여성 독자가 자신의 패션 조언을 주로 상담해주기를 원하는데, 남성복 광고로 인해 집중하지 못한다는 문제점을 해결하기 위해 그라치아 남성 잡지 가제타(Gaz7etta)를 발매하였다. 이 잡지는 지금까지 시장에 나와 있다.

잡지와 독자와의 관계 : 나의 잡지는 나의 친구?

잡지와 독자 사이의 관계는 신뢰, 자아 정체, 다양한 욕구 때문에 잡지를 보는 독자와 결합되어 있다고 할 수 있다. 잡지는 마치 조언을 구하는 친한 친구라고 생각할 수 있다.

소비자들은 브랜드 또는 신뢰할 수 있는 친구처럼 자신의 마음과 생각을 알고, 잡지에 자신을 반영하여 설명할 수 있다.

만약 소비자가 정보를 얻기 위한 출발점으로 잡지를 이용하지 않는다면 정보를 얻기 위해 패션 거리에서 많은 시간을 허비하게 될 것이다. 따라서 소비자는 하이패션 거리를 가는 데 지름길로 잡지를 이용할 수 있다. 잡지의 '옷 입는 법' 부문에서 새로운 트렌드를 알 수 있다.

패션 구매에 대한 소비자의 의사결정과 선택하는 방법을 고려하라. 잡지와 관련하여 전통적인 소비자 행동은 〈표 4.1〉에 나타난 바와 같다.

표 4.1 ••• 소비자 행동과 매거진

길잡이로서의 잡지	소비자 행동
• 새 시즌 또는 날씨 변화	• 니즈와 욕구인식
• 잡지 구입 또는 참조	• 정보 탐색
• 새로운 트렌드를 입는 방법에 대한 반응	• 다수의 옵션을 선택
• 매장이나 프로모션에 대해 알아보기	• 점포 방문
• 매장 쇼카드에 대한 잡지 어드바이스	• 구매
• 잡지에서 확인	• 구매 후 행동

헨리센터(Henley Center; 2001, 2004)와 콘스터딘(Consterdine, 2005)은 독자들과 잡지 사이의 관계를 설명하고 있다. 명확하고 기본적인 두 가지 범주인 정보와 문화의 필요성으로 구분하여 논의된다. 여기서는 이 두 가지 정보와 문화의 필요성에 대하여 살펴보고자 한다.

정보의 필요성(욕구)

- **도구**(instrumental) : 패션 잡지는 독자들에게 새로운 소매업체나 트렌드 그리고 브랜드 정보를 제공하여 소비자에게 알리는 매우 중요한 역할이 있다.
- **분석**(analysis) : 패션 잡지는 전 세계적인 문제, 윤리적인 문제, 사회에서 여성의 역할 및 문화적 문제를 신문처럼 자세하게 설명할 필요까지는 없다. 하지만 패션 소비자에게 현재의 시사 문제를 지속적으로 알리기에 충분하다.
- **이해**(enlightenment) : 패션 잡지, 영화 속 기사, 도서 및 미술 전시회는 로맨틱 코미디(rom-com), 여성소설(chick lit)의 문화 영역에 속하는 경향이 있다. 그리고 설치미술은 패션을 반영한다. 예를 들어 의상은 최고의 전시회로 여겨진다.
- **자아 강화**(self enhancement) : 패션 잡지에는 다이어트와 미 체제 그리고 요리나 공예품의 기술 습득에 대한 정보를 포함하고 있다. 스타들이 하고 있는 최근 요가 타입과 같은 정보도 포함하고 있다.

소비자는 잡지로부터 정보를 얻는다고 느낀다. 예를 들면 전시를 관람할 시간이 없더라도 잡지에서 전시에 대한 기본 정보를 제공함으로써 소비자는 최근 전시에 대해 이야기할 수 있다.

문화의 필요성(욕구)

- **관습**(ritual) : 독자들은 기차나 비행기를 타기 전에 매주 그라치아를 구입하고 매달 보그를 구입하면서 만족을 얻는다.
- **기본**(default) : 병원이나 친구 집에서 기다리는 시간에 잡지를 보게 되곤 하는데, 그때 그라치아는 종종 새로운 '실수 또는 우연'하게 읽게 되었다가 지금은 고정적으로 읽는 '전환'이 되었다고 말하는 독자의 편지를 게재한다. 독자들은 이것이

진짜 편지라기보다는 수많은 편지의 조합일 것이라고 생각할 것이다.

↬ **휴식**(relaxation) : 고급 잡지를 통해 보는 것도 휴식 방법 중의 하나이다. 독자들이 언제 하느냐와 어디서 하느냐는 잡지의 관계에서 중요한 역할을 한다. 예를 들면 물리적 요소와 잡지와의 관계가 있는데, 현재는 욕실 안에서 온라인으로 잡지를 볼 수는 없다.

↬ **재미**(entertainment) : 재미있는 이야기, 퍼즐과 퀴즈 또는 기괴한 의상과 유명인의 사진을 제공함으로써 재미를 유발한다.

↬ **현실도피**(escapism) : 유명인이나 디자이너의 집 같은 전혀 다른 삶의 이야기를 묘사하고 있다.

헨리센터에 의하면 잡지는 네 가지 주요 방법으로 매우 개인적인 수준에서 독자들과 함께 참여한다고 하였다. 네 가지 방법은 신뢰, 지원, 지위 그리고 참여이다. 이 네 가지 방법에 대하여 구체적으로 알아보고자 한다,

신뢰

독자들은 자주 구매하는 잡지나 신뢰(trust)할 수 있는 정보를 가진 잡지와 밀접한 관계를 갖는다. 대부분의 패션 잡지는 독자가 필요로 하는 여러 기사와 패션 기사를 같이 조합하여 제공함으로써 신뢰를 구축하고, 신뢰할 수 있는 친구가 된다.

지원

잡지는 독자의 삶의 주기에 따라 독자를 지원(support)하고 반영한다. 가임기 여성을 주 독자층으로 하는 패션과 라이프 스타일 잡지는 가정과 직장생활 사이에서 균형 유지, 복직 시 의상이나 여러 가지 조언, 식이요법과 운동요법, 아이들 방 인테리어, 저장 공간 아이디어, 아이와 함께 가기 좋은 휴가지 및 휴가지에서 입을 의상에 대한 기사들을 주로 다룬다. 독자들은 변화나 위기의 시기에 친구처럼 잡지를 참고할 것이다.

지위

지위(status)와 자부심이 관련된 경우, 패션에 민감한 소비자에게 의류 선택에 대한 조언을 해줄 수 있다. 소비자에게 이러한 정보를 제공하는 잡지는 지위 강화로서의 역할을 한다. 이러한 잡지의 선택은 바로 자기 자신의 반영이라 할 수 있다. 기회가 있다면 대중 교통 안에서 두 여성을 비교해보자. 한 여성은 **보그**를 읽고 있고, 다른 여성은 주간지의 가십을 읽고 있다. 이 여성들은 서로 어떻게 다를까?

참여

특정 잡지를 선택함으로써 독자들은 자선단체를 지원하고, 이메일과 편지를 쓰고 웹사이트에 참여(participation)하고 온라인 블로그를 읽는 독자들의 공동체(community)를 형성한다. 최근 대부분의 잡지는 온라인 형태의 잡지가 많다. 온라인 잡지는 종이에 인쇄된 고급 잡지를 대체할 수는 없지만, 가치가 부가될 수 있다. 친구처럼 신제품을 소비자에게 이메일로 직접 보내주기도 한다. 잡지의 주된 이점은 독자들에게 잡지 브랜드를 기억하게 하는 것이다. 잡지는 블로그와 페이스북상에서 쌍방향 커뮤니케이션(two-way conversation)이 될 수 있다. '좋아요'를 누름으로써 독자들은 참여할 기회를 가지며, 잡지는 소비자로부터 가치 있는 피드백을 얻을 수 있다.

10대 잡지

청소년을 겨냥한 잡지의 대부분은 그 자체가 전문 영역이지만 가족이 함께하는 브랜드의 일부가 될 수 있으므로 여기에서 언급할 가치가 있다. 잡지는 소비자 충성도를 얻기를 바라며, 그들의 소비자가 라이프 스타일에 따라 같은 회사의 다른 잡지로 이동하길 원한다. 콘드네스트그룹의 **틴 보그**가 그 예라 할 수 있다.

10대들의 욕구는 성숙한 소비자와는 다소 다르다. 자신이 어떻게 보이는지가 중요한 청소년 시기에는 10대 잡지를 성인을 위한 잡지보다 더 신뢰하게 된다. 주된 문제는 청소년의 욕구 충족에 따라 특별한 타깃이 된다. 예를 들어 청소년들은 성과 관련된 문제들은 성인에게 물어보거나 친구에게 의존하는 것보다 잡지의 정보를 더 믿는다.

또한 아름다움과 신체에 대한 주제들은 10대 잡지의 중요한 부분이다.

10대 잡지 편집자는 책임감을 매우 심각하게 받아들이고 10대들의 매년 정기적으로 반복되는 고민이나 주제들을 '순환 달력'처럼 다루어야 한다.

광고 비용, 발행부수 및 맥락

소비자와 그들이 선택한 잡지 브랜드 사이에 강한 유대관계는 광고를 포함한 잡지 내용에 대한 신뢰를 전달한다. 소비자들은 패션에 관한 신뢰할 수 있는 정보원으로 잡지를 활용하기 때문에 광고를 방해 요소로 보지 않는다(예 : TV 등 다른 미디어 채널과 다르게).

실제로 광고는 잡지를 보는 즐거움에 필수적이며, 엔터테인먼트의 한 부분으로 보고 있다. 독자들은 적어도 자신들의 삶 속에 녹아 들어간다는 잡지의 내용에만 돈을 지불하는 것은 아니다. 소비자는 잡지를 선택하고 잡지 안에 있는 모든 것에 돈을 지불한다. 즉 독자들은 자신이 가질 수 있거나 미래에 갖고 싶은 브랜드를 잡지가 광고할 수 있도록 허락하는 것이다.

잡지의 광고 비용은 잡지 내용 속 광고의 위치 및 발행부수, 판매부수와 밀접한 관련이 있다. 광고 비용은 회사가 지불하게 되는데, 이 비용은 광고 요율표에 나타나 있다. 더 많은 양의 발행부수와 더 높은 광고 비용은 사람들이 광고를 볼 수 있는 더 많은 기회를 제공한다. OTS(opportunities-to-see figures, 광고 노출빈도)는 직접적으로 발행부수와 관련되지만, 이것은 단순히 독자가 광고에 노출되는 횟수를 측정하는 방법이라 할 수 있다.

대부분 잡지의 발행부수는 인터넷에서 쉽게 알 수 있다. 그러나 사람들은 잡지를 읽고 친구에게 빌려주기도 함으로써 잡지 발행부수의 2.5배가 읽는 것으로 추정되고 있다. 이러한 상황은 얼마나 많이 광고가 노출되었는지 발행부수로는 정확히 파악되지 않을 수도 있다는 것을 의미한다.

광고 비용은 목록으로 되어 있어 쉽게 사용할 수 있는 반면, 장기 계약이 필요한 경우 광고주와의 협상이 필요하기 때문에 광고 비용은 정확하지 않다. 잡지들은 발행부수가 감소할 때 광고 비용에 대한 협상을 다시 할 수 있다. 휴가 기간 중에는 판매부수가 상당히 떨어짐을 알 수 있다. 그러므로 직접 구독하는 독자 수를 늘리는 것이 잡지사의 중요한 전략이다. 따라서 1년 정기구독의 경우 독자에게 상당한 할인과 무료 증정 선물을 제공하기도 한다.

일반적으로 잡지의 가장 비싼 페이지는 뒤표지(QBC)이다. 사람들은 잡지의 겉표지를 보호하기 위해 안쪽으로 말아서 잡지를 가지고 다니는데, 이 경우 뒤표지는 항상 수많은 관중에게 노출되는 이동 광고와 같다.

일반적으로 뒤표지 다음으로 가격이 비싼 위치는 다음과 같다.

- **첫 두 페이지**(FDPS) 또는 **앞표지 안쪽** : 독자가 제일 먼저 눈을 두는 곳
- 관심 수준이 가장 높은 앞에서 1/5 부분(20%).
- 다음으로 높은 가격이 요구되는 앞에서 1/3 부분(33%)

오른쪽 페이지(RHP)는 비용에 5%가 추가되는데, 이것은 우리의 시선 이동이 왼쪽에서 오른쪽으로 움직이기 때문이다. 또한 중요한 기사나 스토리와 가까울수록 광고가 비싸진다.

잡지의 1/3이나 1/4 부분은 독자가 흥미를 잃기 시작하는 곳이기 때문에 이 위치의 광고는 저렴한 편이다. 그러나 독자들을 관찰해보면 두 번째로 잡지를 볼 때는 뒷부분부터 넘겨보는 것을 알 수 있다. 이러한 이유로 뒷장의 비용이 비싸지만, 다른 광고는 뒷장에 가깝다고 비싸지는 않다. 이것을 보면 광고 비용은 반드시 독자의 행동을 반영하지 않는다는 것을 의미한다.

광고 요율표의 가장 흥미로운 점은 논설형 광고(애드버토리얼)에 대한 광고 비용이다. 이것은 마치 영향력 있는 기자가 쓴 것처럼 보이며, 잡지에서 어떤 위치든 비용에 40%를 추가할 수 있다. 어떤 독자들은 광고인지 모를 수도 있다. '판촉' 또는 '특집 기사 광고'라는 단어는 눈에 거슬리지 않는 적당한 위치와 글자 크기로 보여준다.

간접광고

논설형이나 편집기사 속 패션 간접광고는 독자가 잡지와 관계가 형성되어 있을 때 더욱 신뢰하게 된다. 회사의 바이어는 자신이 원하는 상품보다 목표시장에 적합한 상품을 구매한다. 같은 방식으로 잡지에 나오는 의상도 독자들에게 적합한 옷을 선택한다.

잡지는 독자의 뷰티 문제를 해결하기 위한 새로운 제품, 어떻게 멋지게 보일 수 있는지에 대한 기사부터 몇 분 안에 만들 수 있는 메뉴, 인테리어 스타일링 등을 기사화한다. 이러한 모든 기능은 잡지의 목표시장과 일치한다. 에디터는 삶을 향상시키는 제품을 독자에게 소개하는 데 많은 시간을 할애한다. 그러나 독자는 잡지를 신뢰하기 때문에 이러한 것이 홍보를 위한 기계적 장치라는 것을 모른다. 독자의 눈에는 단지 친절하게 보이기 때문이다.

이 때문에 패션 홍보 대행사는 무료로 잡지에 실릴 제품을 제공하는 데 많은 시간을 할애한다. 홍보 기관 또는 더닝스(Dunnings)과 같은 외부 대행사는 광고 위치와 광고 크기를 계획적으로 계산한다.

광고환산가치

광고 비용은 발행부수와 글의 문맥에 의해 산출되고, 같은 수치를 회사는 광고 배치가 실제 광고라면 비용이 얼마나 드는지를 산출하기 위해 사용할 수 있다. 이것을 '광고환산가치(Advertising Value Equivalent, AVE)' 또는 광고 요율표 가치(RCV)라 한다.

회사는 간접광고 안에 얼마나 많은 페이지가 간접광고로 촬영될 수 있는지 위치와 상황을 살펴볼 수 있다. 페이지는 1/4로 분할되고, 광고 페이지의 총 비용은 4로 나눈다. 이것은 광고에 대한 간단한 수치를 제공하나, 회사는 계산해야 할 많은 변수가 있다.

- **앞표지 배치** : 어느 누구도 잡지의 표지에 광고를 실을 수 없지만, 앞표지는 잡지를 더 팔리게 하기 때문에 훨씬 더 가치 있는 변수이다. 즉 케이트 모스, 케이트 미들턴, 빅토리아 베컴이 표지에 등장하면 3배의 매출을 올릴 수 있다.

- **잡지 안에서의 위치** : 첫 1/3 부분은 브랜드에 매우 적합한 위치이다.
- **페이지 안에서의 위치** : 중앙 또는 페이지의 오른쪽 상단은 맨 아래 왼쪽보다 더 좋은 위치이다.
- **페이지 안에 다른 내용과 비교한 이미지의 크기** : 이미지가 크면 클수록 더욱 좋다.
- **매체 채널의 명성** : 인기 많은 잡지에 광고하는 것은 모든 브랜드의 희망사항이다.

패션에 대해 다룬 편집 기사(그림 4.2)를 보면 다양한 범주의 블랙 앤 화이트 상품군을 주제로 보여주고 있다. 이 그림의 간접광고는 잡지의 첫 20%에 위치하고 있다.

잡지의 간접광고에 대한 신뢰는 2.5배의 '가치'를 증가시키는 것으로 알려져 있다. 한 페이지 전체에 제품을 싣는 것은 회사가 가질 수 있는 가장 가치 있는 간접광고이다. 이것은 실제 광고의 제작 비용 없이 2.5배 이상의 가치가 있다고 할 수 있다.

광고와 간접광고의 관계

영화 악마는 프라다를 입는다(The Devil Wears Prada)에서 패션 촬영을 준비할 때 에디터는 "스폰서(미국에서는 광고주들을 스폰서라고 부른다.)들은 어디에 있죠?"라고 하였다. 이것은 잡지에 매우 중요한 이슈이다.

잡지사는 잡지 표지만으로는 직원들의 월급, 유명 사진작가료, 리포터, 장소 촬영비, 뷰티 스타일리스트 등 잡지에 필요한 충분한 돈을 벌 수 없다. 마리오 테스티노(Mario Testino, 페루 출신의 패션사진작가. 경제학 · 법학을 전공하였으며 영국 해리 왕자와 엘리자베스 2세 여왕의 사진을 찍어 유명해짐)와 패트릭 드마셸리에(Patrick Demarchelier, 프랑스 출신의 패션 전문 원로작가. 2014년 봄 자라의 사진촬영)와 같은 유명 사진작가의 고용 비용은 아주 높다. 잡지의 가격은 광고 수익으로 보조되는데, 잡지사는 광고가 없이는 생존할 수가 없는 실정이다. 그러므로 잡지사 입장에서 '답례'로 광고주의 편집 기사를 싣는 것은 그리 놀라운 일이 아니다. 이는 서로 무시할 수 없는 공생관계라 할 수 있다.

광고 캠페인을 단독으로 하는 경우는 거의 없다. 보통 광고 캠페인은 다른 판매 촉진 방법을 포함한 PR 캠페인이 지원된다. 단일 주제만을 다루는 잡지에서는 독자들이 쉽

GRAZIA EASY CHIC

Mono mania

Keep it simple and stylish with black-and-white classics

BROOCH Cameo, **£6, Accessorize**

MINIDRESS Belted, **£310, Alice & Olivia at Oxygen**

NECKLACE Bead and fabric, **£59.40, Barbara Eastern at Treasure Box**

BLAZER Herringbone, **£100, Warehouse**

HEADBAND Netting, **£22, Accessorize**

DRESS Houndstooth, **£85, Coast**

CUFF Silver and enamel, **£30, Adele Marie**

BAG Clutch, **£156, Rodo**

DRESS Paint-splash print, **£44.99, River Island**

PREEN

SHOES Patchwork, **£45, Bertie**

BELT Woven, **£39, Brora**

WATCH 'Afterdark', **£35, Swatch CreArt**

BOOT Striped, **£55, Wallis**

SKIRT Puffball, **£245, See by Chloé**

TROUSERS Straight, **£405, Gareth Pugh**

TUNIC Knitted, **£35, Vero Moda**

BAG Chain handle, **£10, Peacocks**

그림 4.2 그라치아의 블랙 앤 화이트 패션을 주제로 한 기사

게 알아채지 못하도록 광고와 편집기사 사이에 균형감이 매우 중요하다. 하지만 이런 기술은 상당히 오랜 기간이 필요하고, 격월로 발행되는 경우 성취도가 더 높다.

보그 에디터이자 스타일리스트인 프란체스카 번즈(Francesca Burns, 영국 보그 에디터)는 다음과 같이 말했다.

아이디(i-D)에서는 모든 광고를 찍을 필요는 없지만,
보그는 거대한 비즈니스이기 때문에 신경 써야 할 것들이 많다.

— 패션 비즈니스(The Business of Fashion), 2012년 4월 1일

이것은 광고수익과 편집 내용과의 관계를 확실히 해야 함을 알려준다.

월간 및 주간 잡지

월간 및 주간 잡지는 서로 경쟁하지 않고 다른 방법으로 사용된다.

소비자의 패스트 패션(fast fashion)에 대한 욕구가 증가함에 따라 주간지가 긴 리드타임을 갖는 월간 잡지보다 회전율이 더 높다고 할 수 있다.

주간지는 빠르게 틈새시장을 채우고 월간 잡지는 브랜드 인지도 및 장기 동향을 구축하는 데 적절하다. 그러나 월간지는 소셜미디어 시대를 따라가야만 한다.

주간지는 독자에게 최근 패션 트렌드와 패션 쇼핑 가이드 정보를 알려주며, 브랜드 이미지를 이끄는 광고는 적게 하는 경향이 있다. 이미지 광고뿐만 아니라 패션 리더나 다음 시즌의 패션쇼 컬렉션에 지면을 더 할애하여 다룬 월간 잡지와는 반대로 주간지 광고는 제품을 다룬다. 월간지는 더욱 패션 지향적 소비자를 목표로 하며 더 오랫동안 참고자료로 활용되는 경향을 보인다.

주간지는 여성 독자들에게 지금 어떻게 입어야 하는지에 대한 방법을 조언해준다. 반면 월간지는 이미지, 테마, 무드나 스타일을 가지고 여성들에게 자신감을 주고자 하며, 패션 지침 없이 스스로 표현하는 여성을 위하여 조언한다. 보그는 그라치아보다 훨씬 더 유행 지향적이며, 지금 구매가 가능한 트렌드를 보여준다(그림 4.2 참조).

대부분의 주간지나 월간지는 온라인 잡지와 병행하며, 매일 뉴스와 스타일을 업데이트하여 제공한다. 인쇄된 주간지나 월간에서 다루지 못하는 부분을 실시간 업데이트를 통하여 각 호가 발행되는 사이에 일어나는 기사를 가상공간에서 제공하며 매일 업데이트되는 정보는 무료로 이용가능하다.

주말 보충판

신문 발행부수는 하향 곡선 위에 있지만, 스타일 보완을 포함하는 주말 신문은 다소 성장을 보이고 있다. 이것는 평일 뉴스는 라디오, TV 및 점점 증가하는 인터넷 매체를 통해 접하기 때문에 소비자는 주말에 신문(패션과 라이프 스타일이 보충된)을 보는 시간이 더 많다는 것을 반영하는 것이다. 주말 보충판은 기존의 잡지와 같이 목표시장의 관심을 다루고 있다고 볼 수 있다.

파이낸셜 타임스의 '소비하는 방법' 보충판과 타블로이드 신문의 보충판 사이에는 다른 점이 있다. 비록 신문 보충판이긴 하지만 고급 잡지의 경향을 띠고 있으며, 신문보다 더 오랫동안 유지되는 전통적인 잡지의 일부 특성을 갖고 있다.

유명인과 가십 잡지

유명인과 가십 잡지는 최근 유통량의 증가 추세로 볼 때 잡지의 가장 성공적인 유형이라 할 수 있다. 유명인에 대한 강박적인 관심과 일상의 세세한 삶을 반영함으로써 이러한 잡지들은 거대한 시장 점유율을 가진다(제6장 참조). 패션 스토리는 유명인 스토리와 함께 혼합되어 있다.

유명인 잡지 광고는 목표시장을 겨냥한 것이다. 독자들은 전형적인 **보그** 독자의 패션 수준을 가질 필요는 없지만, 패션에 대한 관심은 많다. 많은 고급 브랜드는 유명인이나 가십 잡지 패션기사에 자사 브랜드의 옷을 무단으로 사용하게 허용하지는 않는다. 최고 브랜드들은 유료 광고(overt advert) 또는 간접광고보다는 오히려 유명인들이 입은 자사의 브랜드 옷을 레드 카펫에서 보여주려는 경향을 보인다.

경기 침체 및 잡지 광고

경기 침체 시 가장 먼저 삭감되는 예산이 바로 광고 예산이다. 여기에는 여러 가지 이유가 있는데, 회사가 광고의 효과를 평가하기 매우 어렵기 때문이다.

그러나 1980년대 후반과 1990년대 초중반의 경기 침체 기간 동안 지속적으로 성장한 패션 커뮤니케이션 비즈니스의 한 영역은 PR 분야이다.

요약

이 장에서는 소비자 행동과 사용의 관점에서 소비자 일상에서 패션 잡지가 갖는 역할에 대하여 살펴보았다. 또한 잡지 광고의 비용 및 정상가격의 매출에 대하여도 살펴보았다. 또한 간접광고의 가치와 직접 광고와의 관계에 대하여 설명하였다.

제8장에서는 트레이드 잡지에 대해 다룰 것이다.

참고문헌

Consterdine, G. (2005) 'How magazine adverting works', available at www.consterdine.com/articlefiles/42/HMAW5.pdf [Accessed 26 May 2011].

Henley Centre (2001) 'Redwood Engagement Survey'.

Henley Centre (2004) 'Planning for Consumer Change'.

Mintel (2010) *Media and Fashion UK*.

PPA, www.ppa.co.uk/ppa-marketing [Accessed 26 May 2011].

The Devil Wears Prada, film (2006) directed by David Frankel. Fox 2000 Pictures, USA.

Zarrella, K. K. (2012) 'The Creative Class: Francesca Burns', available at www.businessoffashion.com/2012/04/the-creative-class-francesca-burns.html#more-30625 [Accessed 1 May 2012].

학습활동

1. 신문대리점이나 잡지 판매점을 방문하여 잡지가 차지하고 있는 공간을 측정하고 관찰해본다. 여성 잡지와 남성 잡지를 비교해본다.
2. 가장 인기 있는 잡지의 판매점에서의 위치를 살펴보고 회전율을 조사해본다.
3. 잡지를 선정하여 그 잡지가 제공하는 정보와 문화적 욕구를 분석해본다.
4. 서로 다른 목표시장을 가진 잡지를 비교 분석해본다.
5. 광고 요율표를 이용하여 잡지의 광고 수익을 계산해본다.
6. 잡지를 선정하여 오랜 시간 관찰해본다. 트렌드를 읽기 위해서는 최소 4회의 발행호를 볼 필요가 있다.
   a. 잡지에 나타나는 광고 목록을 만들어본다.
   b. 편집기사에 있는 같은 회사를 찾아본다.
7. 잡지 속 간접광고에 할당된 페이지 공간을 측정해본다.
8. 간접광고에 대한 AVE를 생각해보고, 가치 있는 요소들을 무엇인지 추가해본다.
9. 남성 잡지과 여성 잡지의 차이점과 내용을 비교 분석해본다.
10. 신문 보충판과 전통적인 잡지의 공통점과 차이점을 살펴본다.

5
홍보의 역할

그들이 당신에 대해 뭐라고 쓰든 전혀 신경 쓰지 말라. 다만 그것을 자세히 평가하라.

— 앤디 워홀, www.warholfoundation.org

이 장에서는

- 홍보를 정의한다.
- 홍보가 어떤 방식으로 패션 커뮤니케이션 전략을 지원하는지에 대해 설명한다.
- 사내 홍보 부서와 홍보 에이전시의 차이점에 대해 설명한다.
- 홍보에 대한 가치와 효과 측정에 대하여 논의한다.

서론

홍보(PR, 공공관계)는 홍보 기관에 의해 '기업과 대중 사이의 친선과 이해를 구축하고 유지하기 위해 계획된 지속적인 노력'으로 정의된다. 홍보의 일반적인 정의에 따르면, 대부분 조직의 기본이 되는 많은 업무를 다룬다. 하지만 패션회사의 홍보의 역할은 종종 다소 다르게 나타난다.

홍보기능은 누가 수행하는가?

몇몇 회사들은 홍보 부서를 가지고 있거나 외부 기관에 의해 그 역할을 수행하게 하고 있다. 몇몇 회사들은 두 가지 방법을 결합하여 이용하기도 한다. 홍보활동을 수행하는 사람들은 종종 홍보 대행사(Public Relations agent)라고 부르는데, 줄여서 'PR'이라고 하며 'PR'은 그 일을 수행하는 사람 또는 부서를 의미하기도 한다.

다음은 뷰티 상품을 생산하는 회사의 PR 어시스턴트 채용 광고에 대한 사례 연구이다.

사례 연구 PR 어시스턴트 채용 광고

모집 분야

세 브랜드를 담당하는 PR 보조 : 생 트로페(St. Tropez), 찰스 워딩턴(Charles Worthington), 생크추어리 스파(Sanctuary Spa)

브랜드 히스토리

PZ 쿠션(PZ Cussons)은 최근 뷰티 시장에 생긴 브랜드로 생 트로페, 찰스 워딩턴, 그리고 생크추어리 스파로 구성되었다. 이 업무는 PR이나 뷰티 산업에 관심 있는 사람을 위한 핵심 입문 단계의 역할이다.

세부사항

열정적이고, 의욕을 가지고 매우 열심히 노력할 수 있는 지원자를 뽑고자 한다. 홍보를 위한 높은 수준의 열정은 필수적이다. 이상적인 지원자는 패션과 뷰티 분야 모두에서 잘 활동할 것이다. 국제적인 화장품, 패션, 음악 그리고 미디어 트렌드에 관한 지식은 이 역할을 위한 핵심이다.

수행할 업무는 다음과 같다.

- 매체를 조사하고, 언론 보도 자료를 만들며, 다양한 내부 팀들에게 배포하기
- 언론인, 미디어와 유명 인사들을 위한 VIP 특별 관리 예약, 그리고 VIP 태닝 전문가를 포함한 아티스트 관련 팀들과 연락 취하기
- 황태자 청년기금(The Prince's Trust) 행사, 다양한 런던 패션 위크 쇼, 신상품 런칭과 음악 축제를 포함한 이벤트 행사 보조
- 신상품 품평회, 혁신을 위한 제품 개발 팀과의 브레인스토밍 보조
- 유명인의 얼굴피부관리사, 세션 스타일리스트 및 뷰티 치료사와 함께 일하기
- 보도자료 및 논설형 광고를 위한 원고 정리 보조
- 런던 오피스 또는 외부 이벤트를 위한 재고 수준 모니터링과 PR 물품 전달
- 각 브랜드의 메시지를 일정하게 보장하기 위해 판매, 제품 개발, 온라인 마케팅, 살롱 마케팅, 리테일 마케팅을 포함한 부서들과 연락하기

급여

이전 경력에 따르지만, 업계 표준에 부합되도록 협상가능하다.

패션 홍보 담당자의 주요 목적은 '대표(hero)' 제품들(시즌의 주요 패션 트렌드 제품들) 또는 브랜드, 소매업체 그리고 회사들이 매거진, 영화 및 TV와 같은 미디어를 통해 공유될 때 긍정적인 시각으로 보일 수 있게 하는 것이다. 제4장에서 보았듯이, 잡지는 타깃시장을 목표로 하는 패션회사에게 가장 중요하고 신뢰받는 미디어 수단 중 하나이다. 전통적인 광고 이외에도 잡지는 편집된 특집 기사를 다루는 수많은 페이지가 있으며, 이는 직접비용 없이 회사와 제품을 홍보하는 엄청난 기회를 제공한다. 제품 간접광고는 전통적으로 지불되거나 스폰서 광고는 아니지만, 최고의 뷰티 제품, 리틀 블랙 드레스 또는 시내 중심가에 캣워크 동향을 다루면서 편집된 내용으로 위장된다.

홍보 비용

홍보기능을 지원하기 위해 회사는 비용이 들지만, 패션 스토리의 일부로 미디어에서 보이는 브랜드 이미지에 대해서는 직접적인 비용이 발생하지 않는다. 반면에 잡지는 패션쇼 자료를 보여주기 위한 금액을 지불한다.

홍보는 다소 부정적인 경우도 있었는데, 이는 '스핀(홍보업계에서는 여론에 영향을 미치려는 선전의 한 형태)'으로 간주될 수 있다.

가끔 형편없는 언론 보도를 막기 위해 사용될 수도 있지만, 일반적으로 패션에서 홍보는 미디어와 매거진, TV, 필름, 온라인[소셜미디어, 블로그와 핀터레스트(pinterest)] 등의 공공 도메인에서 제품을 홍보하고, 배치하는 것에 대한 것이다.

잡지는 커버 표지에서 수익을 얻는 게 아니라 잡지 안에 배치된 광고에서 수익을 얻는다(제4장 참조). 광고 비용은 잡지 안에서의 위치와 간행물 사이의 변화에 달려 있지만, 본질적으로 광고 비용은 브랜드 업체들에게 높은 비용이다.

홍보는 광고를 지원하는 역할을 한다. 광고 예산이나 캠페인 예산이 없는 회사에게 홍보는 제품을 대중에게 소개할 수 있는 유일한 방법이며, 경기가 좋지 않을 때 특히 중요할 수 있다.

홍보의 다른 비용들은 대행사나 사내 홍보 부서(때때로 홍보담당 부서로 불리는) 유지 비용, 저널리스트 접대 비용 그리고 사은품 비용을 포함한다.

홍보에서 기자(저널리스트)의 역할

기자(저널리스트)는 끊임없이 스토리와 특집 기사를 찾는다. 기사에는 마감시간이 있고 대부분의 기자는 프리랜서로 활동한다. 저널리스트는 자신의 기사를 판매할 미디어를 갖고 있다. 그러므로 저널리스트들은 홍보 기관과 미디어 사이의 관계에서 매우 중요한 사람들이다. 홍보 대행사는 미디어와 관계를 구축하고, 유지하는 일이 매우 중요하다.

소비자와 마찬가지로 기자들도 메시지의 공격을 받는다. 그래서 다르게 보이는 것이 중요하다. 저널리스트들은 많은 PR 에이전트와 접촉한다. PR 대행사는 저널리스트들의 관심이 어디에 있는지, 그들이 무슨 일을 하고 있는지, 그리고 미래의 이슈로 어떤 것들이 있을지를 아는 것이 중요하다. 비공식적인 미팅들은 이러한 상호작용을 촉진할 수 있다. 한 홍보 대행사가 저널리스트들을 조찬 미팅에 초대했다. 사무실로 가는

길에 크로와상과 커피가 제공된다. 이것은 관계를 유지하며, 강압적이기보다는 절제된 방식이다. 만약 당신이 관계를 만들고 유지한다면 저널리스트들은 당신을 좋은 정보원으로서 신뢰하며 당신에게 혜택을 제공할 것이다.

저널리스트는 필요악이라는 말이 있다. 저널리스트 또한 PR에 대해 아마도 똑같은 말을 할 것이다. 진실이 무엇이든 간에 두 당사자들에게는 서로가 필요하고 유용한 상징적인 관계이다.

보그, 힐러리 알렉산더(Hilary Alexander), 수지 멘키스(Suzy Menkes), 케이티 그랜드(Katie Grand), 가랑스 도레(Garance Doré), 안나 윈투어(Anna Wintour), 알렉산드라 슐먼(Alexandra Schulman), 케이트 모스(Kate Moss)와 빅토리아 베컴(Victoria Beckham)을 포함하여 몇몇의 매우 영향력 있는 미디어, 저널리스트, 편집자, 패션 스타일리스트, 모델, 블로거와 유명인사가 있다.

신뢰성

홍보 또는 제품 간접광고에 대한 신뢰성 요인을 과소평가해서는 안 된다.

홍보는 긍정적인 언론 보도를 생성하기 위한 최고로 유용한 도구이다. 소비자들은 전통적이며 상업적인 광고를 매우 빨리 알아차리지만, 홍보는 감지하기 힘들다. 아마추어의 눈에는 저널리스트, 블로거, 유명인사나 스타일리스트가 제품을 지지하는 것으로 비춰질 수 있다. 이것은 특히 오늘날의 시끄럽고, 복잡하며, 혼란스러운 미디어 환경 속에서 소비자에게 도달하기 위한 신뢰할 수 있고, 믿을 수 있는 방법이다.

홍보는 전통적인 광고와 어떻게 다른가

잡지에서 전통적인 광고들은 일반적으로 전체 페이지를 차지하고, 출처가 명확하며 일정한 시간 간격을 두고 정기적으로 배치된다(제4장 참조).

반대로 홍보는 다양하게 가장하여 다음과 같은 주제의 스토리나 특집 기사로 나타난다.

- 새로운 트렌드들
- 리틀 블랙 드레스들
- 싸면서도 세련된, 때때로 '가격이 비싼 제품(minted) 또는 디자인은 유사하지만 가격은 합리적인 제품(skinned)', '좀 더 저렴하게 스타일 얻기'
- 휴일을 위한 필수적인 아이템
- 패션, 아트 또는 스포츠 스폰서십 이벤트

잡지들은 정기적으로 패션 시즌 사이클을 보여주는 특징들을 나타낸다. 거의 매주 또는 매달 다음의 예에 해당하는 주제들로 변화를 보여준다.

- **가을/겨울** : 패션쇼가 방송됨에 따라 트렌드가 분명하게 보인다. 이러한 보도는 시내 중심가에서 합리적인 가격으로 트렌드를 따르는 방법에 대한 홍보 페이지들을 지원하게 된다. 보그의 가장 큰 이슈는 9월에 새로운 컬렉션을 후원하는 것이다.
- **크리스마스** : 이 시즌 홍보의 특징은 레드 의상, 선물 그리고 액세서리에 중점을 둔다. '소녀들을 위한 선물', '남성을 위한 선물', '모든 것을 가진 사람들을 위한 선물'에 대한 내용을 특징으로 한다.
- **봄/여름** : 특집 기사들은 다양한 새로운 컬러를 입는 방법을 묘사할 수도 있고, 액세서리에 대한 홍보일 수도 있다. 또한 화장품에 대한 뷰티 섹션 또는 어떻게 비키니 몸매를 만들지에 대한 내용을 다룰 수도 있다.

저널리스트는 한 해를 통해 이러한 주제들을 독창적으로 확장해나간다. 홍보회사는 다음 호 특집 기사의 주제가 무엇인지 알아내고, 그들의 브랜드들 중 하나를 기고할 수 있게 해야 한다.

패션 에디터들은 어느 달 또는 어느 주간에 무엇이 주요 패션 특징이 될지를 알고 있다. 몇 가지 이슈들, 예를 들어 크리스마스의 경우는 4~6개월 전에 계획된다. 출판 마감일까지 저널리스트들은 관련 특집 기사들을 넣을 것이다. 그들은 세계 도시를 가로지르는 국제적인 패션 위크와 일치하는 이슈들의 내용에 대한 상당한 목차를 가지고 있다. 예를 들어 한 디자이너가 흑백의 매치를 보여준다면, 잡지는 샘플 의상 또는 비주얼 이미지를 (홍보 부서나 회사에 요청하기 위해 전화 또는 이메일로) 요청하거나 소비자에게 트렌드가 주류 스타일로 어떻게 해석되는지를 보여주기 위해 블랙 앤 화이트 톱, 주얼리, 구두와 벨트를 특징으로 보여줄 수도 있다. 극단적인 (일반적으로 고가의) 디자이너의 의상 또는 액세서리는 더 저렴하게 착용할 수 있는 선택들을 제공하는 중심(영감을 제공하는 '히어로' 의상)이 된다.

홍보가 전통적인 광고를 지원하는 방법

잡지에 전통적인 광고를 지불하는 패션업체가 같은 이슈 내에서 또는 (아마) 한 주나 한 달 걸러 약간의 홍보 보도를 하는 것은 단순한 우연의 일치가 아니다.

홍보 또는 제품 간접광고는 다음 사항을 제공한다.

- 소비자에게 브랜드를 상기시킨다.
- 이전의 광고를 고객의 마음에 다시 불러온다.
- 브랜드 핸드 라이팅(브랜드 이미지)에 대한 인식을 촉진시킨다.
- 브랜드의 패션 자격 증명을 강화시킨다.

광고 예산이 없는 홍보

새로운 또는 작은 독립된 브랜드는 광고 예산이 부족하기 때문에 보도를 발생시키는 것이 그들의 홍보 방법이다.

잡지는 새로운 브랜드를 알릴 수 있는 기회가 있다. 신규 브랜드가 향후 더 많은 관심을 받게 되면, 그 브랜드를 선보인 잡지는 일반적으로 광고 수익을 얻게 된다.

홍보회사는 또한 잡지 특집 기사를 지원하기 위해 유명인의 사진과 스토리를 정리하여 제출할 책임이 있다.

'나중에 생각하는 것'으로서의 홍보

오랫동안 홍보는 광고와 별 연관성이 없는 것으로 보였다. 그러나 홍보가 어떤 방식으로든 전통적인 광고에 신뢰성을 더하거나 지원해주고, 공공연한 프로모션에 반응하지 않았던 지식층 소비자에게 훨씬 더 효과적이라는 것을 알게 되었다. 홍보는 최근 몇 년 동안 탄력을 받아 비장의 무기가 되는 통로(채널)가 되었다. 홍보는 부가적 도구가 아닌 그 자체로 중요한 수단으로 정착되고 있다.

광고는 필연적으로 수요를 자극하기 때문에 특집으로 실린 제품에 대한 커뮤니케이션은 전통적인 광고에서 업무의 중요한 부분이다. 그러므로 구매팀과 유통팀 부서 간의 긴밀한 연락이 필요하다.

하지만 세상의 모든 계획과 같이 광고는 성취될 수 있는 것보다 더 많은 수요를 자극할 수 있다. 크리스마스 광고로 스트라이프 스카프를 프로모션했던 갭의 사례가 대표적인 예다. 홍보활동으로 합리적인 가격대의 스카프가 '(양말 속에 넣는 작은) 크리스마스 선물'로 선택되어 완판(완전 판매)되었는데, 결과적으로 크리스마스 시즌에는 정작 판매할 수 없게 되었다. 크리스마스가 끝난 후 매장에 진열된 제품은 봄/여름 시즌으로 이동하게 되어 원하지 않은 가격 인하를 초래하였다. 수요 예측은 과학적으로 정확하게 표현할 수 없고, 중요하고 신뢰할 수 있는 간접광고를 수요 예측 방정식으로 도출하는 것은 수요를 제대로 파악하지 못할 수도 있다. 홍보는 광고보다 더 신뢰할 수 있는 커뮤니케이션 원천이기 때문에 더 큰 수요를 만들 수 있다. 그때 홍보된 상품이 구매가능하고 고객을 실망시키지 않게 하는 것은 매우 중요하다. 패스트 패션은 특히 소비자가 불만족하기 쉬운 편이다(Barnes and Lea-Greenwood, 2010). 간접광고는 독점적인 또는 한정적인 유통 전략으로 고객을 상기시키기 위해 '상품이 모두 팔리기 전에 구매하자'와 같은 슬로건을 삽입하기도 한다.

성별은 홍보에 얼마나 영향을 미치는가

여성은 일반적으로 확신을 갖고 필요한 정보를 찾아내는 고객이다. 반면 민텔(Mintel, 마케팅 리서치 전문업체)에 의하면 남성은 '히트 앤드 런(hit-and-run, 필요한 물건만 사는 고객)' 또는 '수렵 채집인(hunter-gatherer)' 쇼퍼로 묘사된다. 패션이 남성 소비자에게 제공될 때 홍보는 미디어에서 매우 중요한 역할을 한다. 남성은 여성과 다른 방식으로 쇼핑하여 수많은 다른 아이디어를 보기를 원한다.

패션은 남성들에게 숍 윈도와 매거진을 통해 보이며, 남성들은 조언에 따라 행동한다. 일반적으로 남성 잡지는 여성 잡지만큼 시각적인 간접광고가 많지 않다. 오히려 홍보 정보는 사설에 아주 미묘하게 묘사되어 있다.

간접광고의 가치를 산출하다

홍보 담당자는 기존의 광고인 경우 제품 간접광고 비용이 얼마나 들지에 대한 평가를 하며, 다음과 같은 용어를 호환하여 사용한다.

- 광고환산가치(AVE)
- 광고 요율표 가치(RCV)

간접광고 가치의 핵심적인 이슈는 전통적 광고에 비해 3~4배 가치가 높다는 것이다.

홍보나 간접광고에 대한 평가를 더 정확하게 하기 위해서는 광고의 크기와 어떤 광고가 주변이나 근처에 혹은 반대쪽에 있는지를 바탕으로 광고 위치의 중요성을 계산하는 것이 효율적이다.

다음 요인들은 간접광고 가치에 영향을 준다.

- 직면한 문제
- 출판물의 위치
- 영화나 TV 프로그램에서 보여지거나 언급된 횟수
- 이미지 크기
- 페이지 위치
- (신문, 잡지의) 판매부수, 영화 관객 수 또는 텔레비전 시청률

2011년 3월 1일부터 영국은 TV 프로그램에 제품 간접광고를 허락하였다.

해외 TV 채널에서 매우 자극적인 제품 간접광고를 접한 사람은 상대적으로 보수적인 영국의 TV 환경에서 간접광고가 어떻게 사용되는지 본다면 흥미로울 것이다.

홍보기능의 유형

홍보 대행사

홍보 대행사는 일반적으로 고객을 위해 디자이너의 '대표적인 상품 범위(capsule range, 특정 디자이너의 대표되는 작은 범위의 옷)'를 포함한 쇼룸을 운영한다. 대표 상품은 패션 기사로 선택될 가능성이 있는 시즌의 히어로 아이템들이다. 쇼룸은 근처에서 근무하거나 운반비가 많이 들지 않는 지역에서 근무하는 저널리스트들이 방문하기 쉽고, 샘플을 요청하기 편하도록 도시의 중심부에 있는 경향이 있다. 불경기 동안에는 인턴들은 걸어서 잡지사를 방문한다.

외부 홍보 대행사들은 많은 고객을 보유하며, 패션업체가 전부는 아니다. 이것의 주요 장점은 다른 유형의 매체를 넘나들며 좀 더 넓은 연락을 가질 수 있다는 점이다. 단점은 서로 다른 수많은 브랜드에게 노력이 분산된다는 것이다.

고정 수수료(수수료의 사이즈는 업계에서는 극비이다.)를 위해 대행사는 타깃 마켓을 다루는 매거진, 텔레비전 프로그램, 영화, 미디어 분야에서 브랜드나 소매업체를 유지하기 위해서 노력할 것이다. 필요한 경우 에이전시는 브랜드 입장에서 아트 전시회를 후원하는 것과 같은 이벤트를 다룬다. 대행사는 또한 프레스 데이를 준비하여 기자들이 새로운 컬렉션을 보도록 초대하고, 다음 스토리를 계획할 때 자료로 사용될 수 있는 '룩 북(컬렉션의 핵심 트렌드를 보여주는 잡지)'을 제공한다.

외부 대행사들은 언론 보도 대조와 측정에 매우 철저한 경향이 있다. 어떤 대행사들은 자신들을 풀 서비스(full service) 대행사라고 부른다. 하지만 외부 대행사의 풀 서비스가 어떤지에 대한 논의의 여지가 있는데, 외부 대행사는 광고 대행사들이 통상적으로 하는 광고는 포함시키지 않기 때문이다.

사내 홍보부서

간혹 몇몇 브랜드나 소매업체는 사내에서 홍보기능을 수행한다. 이 부서는 상황을 앞서 주도하기보다 기자들의 문의에 반응한다는 의미로 '홍보담당부서'라고 불린다. 사내 홍보팀의 주요 장점은 오직 단일 브랜드만을 관리하고, 그 브랜드와 브랜드 역사에 대해 잘 이해하고 있다는 것이다. 사내 홍보부서는 브랜드와 물리적으로나 정신적으로 밀접해 있다고 볼 수 있다. 사내 홍보부서는 보통 같은 위치에 있는 회사 내에 구매와 판촉기능이 함께 연결되어 있어 홍보 자극 수요와 관련된 일부 문제를 피할 수 있다. 사내 홍보부서의 비용은 대행사에 의해 발생되는 것처럼 명확하지 않다.

사내 부서의 단점으로 많은 경험과 연락의 폭을 가지고 있지 못할 수 있다. 사내 홍보부서는 사업 손실의 위협이 높지는 않지만, 회사의 입장에서 원하는 만큼 효과적으로 작동하지 않을 수도 있다. 이러한 이유 때문에 뛰어난 프로필을 가진 패션회사들이 PR 기능을 외부에 위탁하고 있다.

사내 홍보기능은 자사의 컬렉션과 언론 보도의 평가에 있어서 외부 대행사만큼 엄격하지 않은 경향이 있다.

홍보기능의 역할

연락(관계)

자주 언급되었듯이, 콘택 리스트(연락망)는 당신이 무엇을 아는가가 아니라 누구를 아는가에 관한 것이다. 미디어 대행사들은 저널리스트들의 데이터베이스를 제공할 수 있지만, 많은 패션 홍보 대행사는 장기간 관계를 구축해온 자신들만의 연락처 리스트들을 가지고 있다. 홍보 대행사들은 여러 가지 출판물에 산만한 접근법을 사용하기보다는 타깃시장과 잡지의 요구를 이해하고 있다.

언론 보도용 자료들

만약 미디어와의 연락망이 홍보산업의 생명선이라면, 언론 마케팅용 보도자료는 인체 내 주요 장기라고 할 수 있다.

어떻게 보도자료를 작성하는지 알려주려는 수많은 유용한 웹사이트가 있지만, 대부분의 대행사는 자신만의 사내 스타일을 가지고 있다. 보도자료의 핵심적인 주제들은 기자들이 보도자료를 특집 기사로 바로 사용할 수 있을 정도로 문법적으로나 사실적으로 정확해야 한다.

언론 보도용 자료가 시간에 민감한 경우, 엠바고(embargo) 날짜가 있을 수 있다. 엠바고의 의미는 대중에게 전달되는 날짜를 의미한다.

보도자료는 일반적으로 다음과 같이 순환된다.

- 시즌의 시작
- 중간 시즌
- 시즌의 마지막
- 임시로 마련된 뉴스들을 발표하기 위해(그림 5.1 참조)

보도자료는 업데이트 관련 한 페이지 기사부터 이미지를 포함한 대량 문서까지 다양할 수 있다. 토냐 바스티얀(Tonia Bastyan, 패션디자이너)은 언론에서 발행하는 완벽한 잡지를 만들어내고 있다(그림 5.2 참조).

쇼카드

쇼카드는 지금까지 해왔던 홍보를 보완해준다. 특정 잡지에서 '보여진' 또는 특정 잡지에 '제시된'이라는 문구와 함께 옷에 부착된 상품태그(또는 꼬리표)나 행거를 이용하여 PR 사진을 보여준다. 이러한 쇼카드는 고객의 구매행동을 더욱 빠르게 유도하는 데 유용하다. 그 옷이 패션 전문미디어에 의해 '선택된' 것이라는 것을 확인시켜 주므로 고객으로 하여금 더욱 갖고 싶게 한다.

스폰서십(후원)

홍보기능은 어떠한 스폰서십이나 회사가 관여하는 콜라보레이션 관리와 연관되어 있다. 홍보기능은 스폰서십이나 이벤트를 준비하고, 관계를 관리하고, 매체 보도를 추

보도자료

라벨, 림멜을 위해 케이트 모스와 규칙을 위반하다

2003년 8월 런던, 펑키 뷰티 제품 제조업체인 림멜(Rimmel, 영국 화장품 브랜드)은 매우 선명한 콤 마스카라(comb mascara)의 새 광고에서 이전에 본 적이 없는 새로운 케이트 모습을 선보였다. 9월 5일에 등장한 30초 필름'Rebellious(반항적인)'는 제이 워커 톰슨(J. Walker Thompson, JWT, 미국 광고 대행사)의 패션과 라이프 스타일 부문의 지사인 에이전시 라벨(Label)의 최신 작품이다.

라벨의 최신 작품인 림멜 런던 캠페인은 케이트 모스가 룰을 깨고, 궁전에서 커튼을 찢고, 샴페인을 분사하며, 샹들리에에서 스윙하고, 궁전 근위병과 장난치는 장면이다.

최고의 패션 사진작가 숀 엘리스(Sean Eills)와 작업하면서 에이전시는 케이트 모스의 장난꾸러기 공주 같은 이미지를 통해 제품의 혁신적이고 차별화된 이미지를 부각시켰다.

"장난기 많고 반항적인 면을 포착하는 핵심은 카메라가 돌고 있는 것조차 인식하지 못하게 그녀를 편안하게 해주고, 세트에서 자신을 즐길 수 있게 하는 것이었다."라고 라벨의 어카운트 디렉터인 케니 힐(Kenny Hill)이 말하였다.

코티(Coty)는 새로운 콤 마스카라 출시가 아주 수월하게 성공하고, 영국 색조 화장품 시장에서 림멜이 업계 1위로 뻗어나가기를 희망하고 있다. 광고 캠페인은 독일에서부터 림멜이 가장 급속도로 성장하는 화장품 회사 중 하나이고, 거대한 소매업체 월마트를 통해 국제적으로 제품이 출시될 것이다.

9월 5일에 베일을 벗고 등장할 TV 광고는 이전의 성공적인 대화형 작업에서 구축된 상호작용에 의한 좋은 결과가 있었던 스카이(SKY, 미국 TV 채널 중 하나) 채널에서 나온다. 인쇄 지원(print support)은 또한 크레이그 맥딘(Craig McDean)에 의한 라벨 워크 샷에서 케이트 모스로 특징된 여성의 스타일 프레스에서 실행될 것이다.

림멜 런던 캠페인은 브랜드의 세련되고 실험적인 성향을 지속적으로 구축하여 경쟁사들과 차별화시켰다. 케니 힐에 따르면, "소녀들은 뷰티업계가 광고한 과도하게 왜곡되고 거의 불가능한 '완벽한' 미에 대한 아름다움에 대해 싫증이 났다. 림멜과 케이트 모스의 런던 광고는 이러한 빈정거림에 대한 해소 방안이다."

광고와 캠페인 각본은 로빈 하비(Robin Harvey), 블레이스 더글라스(Blaise Douglas), 리처드 미들리(Richard Midgley)가 맡았고, RSA를 통해 숀 엘리스가 감독하였다. 미디어 플래닝/바잉은 OMD가 맡았다.

문의 사항이 있거나 더 많은 정보는 어카운트 매니저인 케니 힐에게 연락하거나 또는 JWT의 커뮤니케이션 디렉터 크리시 바커(Chrissie Barker)에게 연락하기 바란다.

그림 5.1 림멜의 언론용 보도자료

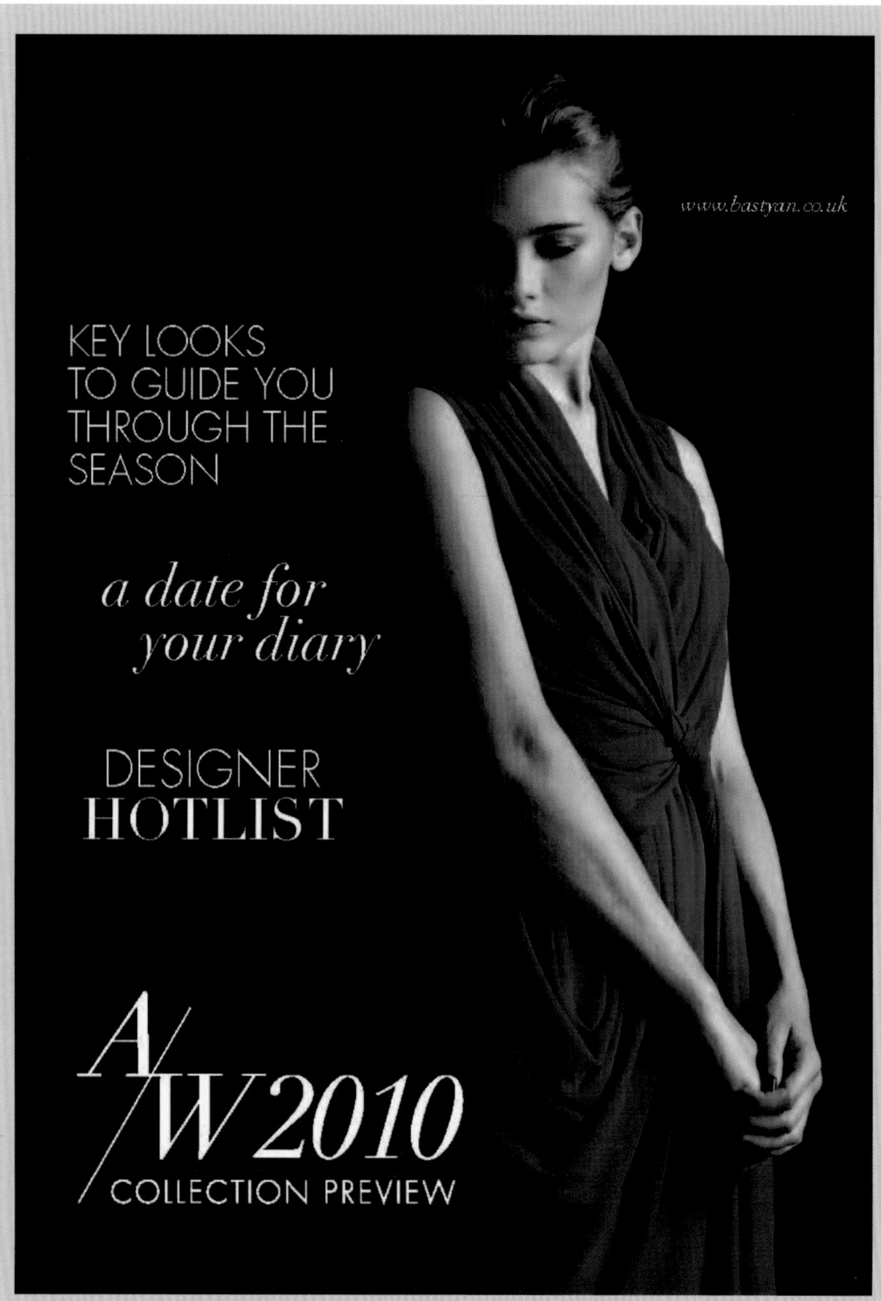

그림 5.2 바스티안 프레스 매거진

적하며, 피드백을 제공한다.

스폰서십은 이벤트나 스포츠 선수, 음악인을 대상으로 할 수 있으며 장기간 또는 단기간일 수 있다. 스폰서십에서 브랜드와 이벤트 또는 사람이 잘 맞는 것은 매우 중요하다. 예를 들면 리버아일랜드(River Island)는 졸업 패션쇼를 후원해왔고, 까르띠에는 폴로, 그리고 나이키는 타이거 우즈를 장기간 후원해왔다. 골프 선수 닉 팔도(Nick Faldo)는 프링글(Pringle)에서 여러 해 동안 후원받았지만, 닉 팔도의 경기력이 떨어지고 프링글이 패션 지향적 브랜드로 재위치하면서 결별하였다.

스폰서십 및 유명인 광고는 때로는 매우 유사해 보인다. 첫째로, 밴드에 대한 스폰서십은 단순히 뮤지션들의 의상에 대한 협찬일 수 있다. 그러나 팬층이 성장함에 따라 밴드 멤버들은 유명인 광고로 바뀌거나, 컬랙션 협업을 할 수도 있다. 일부 유명인은 처음에는 우연하게 브랜드의 홍보 대사로 시작한다. 영국가수인 폴 웰러(Paul Weller)는 벤셔먼(Ben Sherman)에, 에이미 와인하우스(Amy Winehouse)는 프레드페리(Fred Perry)의 영국 패션 브랜드를 위해 스페셜 에디션 컬렉션의 디자인에 참여하였다. 이것은 브랜드에 높은 신뢰성 요인을 제공하였다.

이벤트 관리

이벤트는 홍보의 일부이다. 특정한 이벤트 관리회사가 고용되더라도, PR 관련자들이 PR 프로세스 관리를 위해 무엇이 연관되었는지 아는 것은 중요하다.

패션 그리고 PR 회사들이 준비하는 이벤트 유형들은 다음과 같다.

- 패션쇼
- 팝업 스토어
- 신규 스토어 오픈
- 프레스 데이
- 제품 출시
- 자선 이벤트

이벤트의 목적은 전략을 알리는 것이며 이를 항상 명심해야 한다. 이벤트는 정보 부분과 엔터테인먼트 부분으로 나눌 수 있다. 이벤트를 기획할 때 대중과 언론 사이에서 호감을 만들어내기 위해 당신은 다음의 질문들을 잊지 않아야 한다.

- **요점**(pont) : 목적이 무엇인가?
- **사람**(people) : 누가 초대되어야 하는가?
- **과정**(process) : 준비하기 위해 무엇이 필요한가?
- **이벤트 활동 후**(post-event activity) : 언론 보도를 어떻게 관리해나갈 것인가?

원하는 패션쇼를 기획할 때는 패션쇼를 하는 날짜로부터 역순으로 활동을 계획하는 것이 중요하다. 이것은 최상경로(critical path)라고 하며, 수행해야 할 작업들을 보여준다. 이러한 계획에는 다음과 같은 많은 조직 이슈들이 포함되어 있음을 알 수 있다.

- 주제결정
- 장소 예약
- 캣워크, 무대와 의자 임대
- 자선 단체와 연계
- 선물주머니 주문과 준비
- 모델, 메이크업, 음악과 안무 배열
- 다과와 안내원 담당 구역 배치
- 초대장 및 홍보 인쇄 및 배포
- 건강과 안전 위험평가 수행

효과의 증거 제공

홍보기능의 역할 중 중요한 부분은 고객(또는 회사)에게 판매나 관심이 증가하였는지와 같은 피드백을 제공하는 것이다. 언론 보도를 수집 · 분석하고 평가하는 외부 기관들이 있다.

이러한 대행사는 여러 가지 이름이 있다.

- 신문기사를 발췌하여 제공하는 커팅 대행사
- 클리핑 통신사(신문 · 잡지의 발췌 기사를 주문에 따라 제공하는)
- 미디어 정보
- 미디어 모니터링

하지만 이들은 모두 같은 일을 한다. 그들은 홍보회사가 어떠한 보도도 놓치지 않도록 매체에서 보도된 모든 자료를 수집한다. 이것은 홍보의 기능을 체크한다는 것보다 보도자료를 수집하는 시간을 활용할 수 있게 한다. 잘 알려진 에이전시들은 시전(Cision)과 듀런츠(Durrants)인데, 세계적인 이 두 회사의 도전은 그 브랜드가 어떻게 해외시장과 소통할 수 있느냐이다. 시전과 같은 회사는 세계를 넘나드는 언론 보도를 모니터링하는 파트너들과 국제적인 네트워크를 가지고 있다.

대행사들은 또한 필요한 경우 경쟁자의 보도자료도 수집하여 분석할 수 있다. 대행사들은 이러한 자료를 읽고 조사하는 데 1일 사용료와 하드 카피 또는 전자 형태로 브랜드나 홍보 기관에 전송되는 언론 보도의 각 부분에 대한 요금을 청구한다.

홍보 담당자와의 토론 중에, 이러한 방식의 의사소통 결과들은 광고환산가치(AVE)를 항상 전적으로 활용하지는 않는다는 점이다. 출판물의 인지도, 전체 간행물에서 홍보 특집 기사의 위치와 페이지의 위치와 같은 변수들은 영향을 주지 않는다. 이 분야는 대행사와 사내 홍보팀이 노력 대비 훨씬 더 탄탄한 결과물을 만들어낼 수 있고, 상대적으로 쉽게 작업할 수 있다.

커뮤니케이션 측정 및 평가협회(AMEC)는 수년 동안 홍보의 위상을 높이기 위해 노력해왔다. 그들은 오래된 평가방법인 간단한 광고환산가치에 과도하게 의존하는 것을 제안한다.

홍보회사는 월간 보도에서 발췌한 기사들을 명확하게 고객에게 보여주었다. 수많은 보도자료는 다양한 미디어를 통해 생성되어왔고, 클리핑 에이전시(clipping agency)는 클라이언트에게 매력적인 형태의 비주얼 자료를 보여주었다. 그러나 좀 더 자세히 검토하고 질문한 결과, 고객은 다음과 같은 요소들이 분석에 포함되지 않은 것을 알았다.

- 출판물의 진지함
- 출판물에서의 위치
- 판매부수 수치
- 기자의 전문성과 연공서열

〈그림 5.3〉은 클리핑 파일의 예를 보여준다.

위기관리

패션산업은 이미지에 대한 것이기 때문에 브랜드의 이미지를 보호하는 것은 홍보에서 중요한 부분인 것은 틀림없다. 패션산업은 대부분의 산업보다 충격(예를 들면 나체주의와 사이즈 제로 모델을 둘러싼 문제)을 주는 기회가 더 많다. 많은 제조업체가 낮은 인건비의 국가에서 수행하였던 소싱 정책에 대한 비판의 여지가 있다.

패션업계에서 미디어의 형편없는 관행이 드러나는 경우가 많이 있다. 홍보부서는 형편없는 관행 혐의로부터 회사를 보호하고, 긍정적인 대응을 한다. 홍보부서는 브랜드를 대표하는 대변인으로 다음과 같은 내용을 설명한다.

- 공장이 어떻게 감사되는가
- 회사에 대한 지식 없이 하청(하도급)을 주는 경우
- 폭로에 대해 기업이 무엇을 해왔는가
- 활동하게 될 미래 전략은 무엇인지가

이러한 방식으로 홍보기능은 대중을 교육하고 알리기를 시도한다. 하지만 이 장에서 설명되고 홍보회사가 실시한 조사와 같이 패션 PR(홍보)은 위기관리보다는 간접광고에 더 관여하는 경향이 있다.

그림 5.3 클리핑 파일

요약

이 장에서는 패션산업에서 홍보기능이 얼마나 중요한지를 설명하였고, 홍보의 비용과 기능에 대해 설명하였다.

참고문헌

Association for Measurement and Evaluation of Communications (AMEC), www.amecorg.com [Accessed 13 December 2011].

Barnes, E. and Lea-Greenwood, G. (2010) 'Fast fashion in the retail store environment', *International Journal of Retail & Distribution Management*, 38(10): 760–772.

Cision, uk.Cision.com [Accessed 23 June 2011].

Durrants, www.Durrants.co.uk [Accessed 23 June 2011].

학습활동

1. 잡지나 다른 미디어에서 광고가 아닌 홍보 자료 중 옷 한 벌을 선택해본다. 정말 고객이라 생각하고 매장을 방문하거나, 전화나 웹사이트를 방문하여 상품의 구입 가능성, 매장환경에서 판매 촉진과 위치, 매장직원의 응대방법 등을 살펴본다. 홍보기능, 회사 내 커뮤니케이션, 상품 이용에 대한 의견을 제시한다.
2. 잡지, TV 프로그램, 영화 등 서로 다른 미디어 매체에서 광고 가치평가를 살펴본다. 광고 요율표, 판매부수, 시청률 등의 자료를 모아본다. 광고 가치평가를 간단히 측정해본다. 그리고 이 장에서 배운 그 밖의 요인들을 추가해본다.
3. 여성과 남성 잡지의 PR 보도를 비교, 대조해본다. 어떤 점에서 PR 보도가 다른지 살펴본다. 여성을 주 고객으로 하는 경우보다 남성을 주 고객으로 하는 잡지나 미디어가 더 미묘하게 표현하는지 조사해본다.
4. 잡지를 선정하여 내용을 분석한다. PR 페이지 수, 전통적인 광고 페이지 수를 세어본다. 광고와 PR 페이지 사이의 연결을 만들어본다. 이 과정은 다소 기간이 필요하다.
5. PR 보도가 필요한 브랜드를 찾아보고 보도자료를 작성해본다. 어떤 출판물을 선정하고 어떻게 진행할 것인지에 대하여 생각해본다.
6. 패션쇼 계획을 작성해본다.
7. 부정적인 매스컴의 관심을 받은 브랜드를 살펴보고, 브랜드 입장을 옹호하고 긍정

적인 특징을 강조할 수 있는 보도자료를 작성해본다.

8. 브랜드의 스폰서십과 콜라보레이션을 분석하고, 상관성 및 브랜드와의 적합성을 논의한다.

토론 내용

1. PR에 적합한 미디어의 평균적인 고객에 대하여 생각해본다.
2. 은밀한 PR 활동이 미디어에 공개되어야 하는가?
3. PR 종사자들은 어느 정도로 언론의 환심을 사기 위하여 행동할까?

6
유명인

미래에 모든 사람들은 15분 동안 세계적으로 유명하게 될 것이다.

— 앤디 워홀, 1968

이 장에서는

- 유명인과 유명인 후원 유형을 분류한다.
- 유명인이 어떻게 작용하는지 고찰한다.
- 유명인 생명주기를 설명한다.
- 유명인 후원 효과를 어떻게 측정하는지 고찰한다.
- 유명인의 결말을 예측한다.

유명인의 정의

'유명인'은 대중적으로 잘 알려진 사람으로 정의될 수 있다. 이러한 개념은 유명인의 직업 또는 전문성과 관계된다. 예를 들면 스포츠 선수인 데이비드 베컴(David Beckham)과 윌리엄스(Williams) 자매, 가수 마돈나(Madonna)와 카일리 미노그(Kylie Minogue)는 이름만으로도 잘 알려져 있다. 배우 제니퍼 애니스턴(Jennifer Aniston)과 브래드 피트(Brad Pitt), 앤젤리나 졸리(Angelina Jolie) 또는 모델 케이트 모스(Kate Moss)와 나오미 캠벨(Naomi Campbell))은 각자의 분야에서 뛰어난 능력으로 유명인이 되었다.

그러나 수많은 유명인은 이름 또는 유명한 파트너, 혹은 단순히 대중의 주목을 받음으로써 잘 알려지게 된다. 유명인 스타들[예 : 페리스 힐턴(Paris Hilton), 니콜 리치(Nicole Ritchie), 리즈 헐리(Liz Hurley), 칼럼 베스트(Callum Best)]은 그들의 활동과 홍보 담당자에 의해 성장하고 쇠퇴하기도 한다.

어떤 유명인[예 : 제이드 구디(Jade Goody)]은 리얼리티 TV 쇼에 의해 탄생하기도 한다. 때때로 그들은 지속적으로 유명인 지위를 가지게 된다. 그러나 그렇지 않은 경우가 더 많은데, 다음과 같은 유명인 유형은 결말을 알리는 경고일 수 있다.

- 그들이 하는 일로 잘 알려진 유명인
- 그다지 유명하지 않은 유명인
- 15분 반짝 스타 유명인

반대로, 한 가지 흥미로운 점은 많은 유명인이 죽은 후에도 오랫동안 여전히 유명하다는 것이다. 예를 들면 마릴린 먼로(Marilyn Monroe), 오드리 헵번(Audrey Hepburn), 제임스 딘(James Dean) 엘비스 프레슬리(Elvis Presley)와 (더욱 최근에는) 마이클 잭슨(Michael Jackson)이 있다. 이러한 유명인은 사망하였기 때문에 그들의 행동으로 인해 브랜드에 어떤 불리한 평판도 가져오지 않는다.

유명인 관리

유명인은 그 자체가 브랜드이다. 따라서 유명인의 이름과 브랜드 가치를 보호하고 그들의 명성이 긍정적임을 확실하게 지켜줄 관리팀이 있어야 한다. 관리자의 역할은 유명인을 배출시키고 보호하는 것으로, 오늘날 환경에서는 매우 이상적이다. 보수와 계약은 대리인이나 관리자가 협상하며 브랜드와 캠페인에 따라 매우 다양하다.

유명인 후원

유료 후원(paid endorsement)은 전통적인 패션 광고 캠페인에서 한 브랜드를 대표하는 유명인과 전속 계약을 하는 것이다. 계약에 있어서 유명인이 머리를 자르는 단순한 것에서부터 '브랜드에 오명을 가져오는' 복잡한 것까지 제약이 있을 수 있다. 또한 유명인이 어떤 브랜드의 직접적인 경쟁사를 후원하는 것도 제한될 수 있다. 케이트 모스(90쪽 사례 연구 참조)는 많은 브랜드 후원과 캠페인을 하지만 직접적인 경쟁사들은 없었다. 이러한 계약은 보수 없이 언론에서 브랜드에 대한 호의적인 평을 만들어내는 후원 형태와는 달리 훨씬 더 많은 비용이 요구된다.

무료 후원(unpaid endorsement)은 유명인이 한 브랜드를 좋아해서 그 브랜드를 입었을 때 발생한다. 보통은 어떤 행사에 입을 상품을 유명인에게 제공한다. 이것을 '증정'이라 부르는데, 이것은 무료이지만 후원과 관련된 비용이 있다. 유명인이 좋지 않은 행동을 한 경우 그 브랜드가 나쁜 평판을 받게 되는 것도 일종의 비용을 초래한다. 만일 아무 계약이 없는 상태에서 일시적으로 일어났다면 그 브랜드는 거의 보호받을 수 없게 될 것이다.

대중은 드러나지 않는 비공식적인 후원(유명인이 한 브랜드를 선택하여 입은 경우)보다 공식적 후원(유명인이 보수를 받은 경우)을 더 좋아하는 경향이 있다. 그러나 모든 브랜드와 유명인 뒤에는 예산이 맞으면 어떠한 방식으로든지 한 브랜드를 노출시키기 위한 복잡한 PR 작업이 있다는 사실을 일반 대중은 인식하지 못한다.

회사들은 페이스북에 브랜드를 알리기 위해서 팬 사이트(fan site)를 개발하고 있다.

이때 대중들은 기업의 아무 대가도 받지 않고 브랜드 옹호자가 된다. 입소문 추천(word-of-mouth recommendation)은 매우 강력하고 신뢰할만한 도구이다(제3장 참조). 그러나 이러한 사이트에 주의해야 한다. 만일 블로거들이 기업이나 PR 대행사를 위해 일한다면 이 사이트가 항상 명확하지 않아 사이트에 대한 의문이 생길 수 있다. 그럼에도 불구하고 이러한 현상은 계속 증가하고 있으며, 고객에게 그 브랜드에 대한 소속감을 주기도 한다. 또한 이러한 사이트에서는 한 브랜드에 열광하는 유명인들을 자주 보여주기도 한다.

유명인에 대한 동경은 어디에서든 존재한다. 몇몇 브랜드는 공식적(유료)인 또는 비공식적(가능한 무료)인 캠페인을 하지 않는다. 수많은 잡지는 유명인들에 관한 일시적인 가십거리의 커버스토리에 근거하여 판매되는데, 이것은 대중이 유명인의 최신 근황에 대해 끊임없이 알고 싶어 하는 욕구를 반영하는 것이다.

일반적으로 소비자들은 그들이 동경하는 유명인처럼 되길 원한다고 쉽게 인정하진 않지만, 유명인 패션의 일부를 열망한다. 소비자들은 한 유명인으로부터 영감을 받은 그것을 입기를 원할 것이다. 그렇게 함으로써 유명인의 취향과 명성이 최소한 자신에게도 나타날 것이라고 생각한다.

브랜드와 유명인 개성

브랜드는 다음과 같이 묘사될 수 있는 개성과 특징들을 가진다.

- 클래식한
- 재미있는
- 열광적인
- 세련된

우리가 잘 알지는 못하지만 많은 유명인은 대중에 의해 이러한 용어로 표현된다.

공항 대기실에 발견된 크로이던(Croydon) 출신의 이웃집 소녀로 종종 묘사되는 모델이 현재 림멜(Rimmel, 젊은 소녀들을 위한 최초로 가장 싼 화장품 브랜드)의 얼굴이며, 탑샵(Topshop, 매우 성공적이고 쉽게 접근할 수 있는 유행에 한발 앞선 하이스트리트 소매업체이자 수많은 젊은 소녀의 용돈을 패션에 소비하게 하는 첫 목적지)의 협력자가 된 것은 우연한 사건은 아니다.

유명인을 이용하는 것은 주요 젊은층(18~24세)에게 매우 긍정적인 효과를 보인다. 나이에 따라 그 효과는 감소하는데, 아마도 그 유명인이 고연령층에게는 잘 알려지지 않아 영향을 덜 받기 때문인 것으로 보인다.

우연한 유명인 광고

가끔 한 유명인이 특정 브랜드의 잇백이나 옷을 입고 있는 사진을 볼 수 있는데, 그 브랜드는 이것을 통제할 수 없다. 이러한 상황이 일어났을 때 어떤 브랜드는 그 유명인과 연관되어서 다행이기도 하지만, 어떤 경우에는 불행하게도 브랜드가 관련되기를 원하지 않는 유명인도 있다. 만약 그 유명인의 평판이 부정적이라면 브랜드의 공중관계(PR) 장치는 가능한 빨리 대응하기 위해 엄청난 시간과 노력을 들인다. 한 예로 다니엘라 웨스트부룩(Daniella Westbrook, 드라마 배우)이 그녀의 아기와 함께 사진이 찍혔는데, 유모차를 포함하여 둘 다 머리에서 발끝까지 버버리 체크를 입고 있었다. 이 사진은 언제, 어디서나 버버리 체크와 관련된 뉴스거리가 있을 때마다 반복적으로 보여졌고, 영국의 차브(chav, 맹목적인 유행 추종자) 문화와 동일시되었다. 버버리는 이 관계를 떨쳐버리기까지 여러 해가 걸렸으나, 오늘날까지 가끔씩 사진이 다시 드러나곤 한다.

카 크래시 쿠튀르(car crash couture)는 그라치아(Grazia) 잡지의 특징인데, 이 잡지에서는 유명인이 기대한 만큼 돋보이지 않는 스타일이나 브랜드를 입고 있는 것을 보여준다. 그러나 이것은 브랜드와 유명인의 관계를 손상시키지 않기 때문에 브랜드명을 밝히지 않고 지면에 대한 광고 비용을 지불하지도 않는다. 폴 웰러(Paul Weller, 영국 가수)는 여러 해 동안 선택의 여지없이 벤셔먼(Ben Sherman)을 입었으며 비공식적인 '브랜드 사절단'이 되었다.

어떤 브랜드는 협찬이나 패션 광고 사진을 위해 옷을 보내야 하는 잡지를 선정하는데 매우 신중을 기한다. 예를 들면 '가십' 잡지는 브랜드 옷을 보여주기에 충분한 고급

시장(up-market)이라고 생각하지 않는다.

광고 담당자와 스타일리스트는 사진에서 유명인과 브랜드가 동시에 호의적인 면이 부각되도록 많은 시간과 노력을 투자한다. 한 유명인이 XYZ를 입고 슈퍼마켓에 나타난 사진은 단지 우연한 것이 아니라 대부분의 경우 주의 깊은 의도로 이루어진 것이다. 만일 그렇지 않을 경우 문제가 생길 수 있다.

한편 파파라치는 유명인의 사진을 부정적으로 기사화함으로써 보상을 받게 되며, 만일 유명인 사진이 한 브랜드와 밀접하게 관련된다면 그 브랜드 명성도 역시 떨어질 수 있다. 이것은 매우 밀착된 '공동 브랜드 전략'의 단점이라고 할 수 있다.

인터넷 발달과 함께, 특히 소셜 네트워크 사이트와 모바일 폰에서의 '팬(fan)'으로 인해 한 장의 사진이 매우 짧은 시간 내에 글로벌화될 수 있다. 신문사가 광고업체나 대행업체에게 미리 알리고 유명인을 보호하기 위해 다른 스토리를 '팔(sell)' 시간이 있었던 과거와 달리 그 유포 속도는 놀랄 만큼 빠르다.

이론적 배경

유명인 광고가 어떻게 패션 상품의 판매를 실제로 향상시키는지에 관한 연구는 아직 없다. 기존 선행 연구들(이 장의 마지막 페이지에 제시된 참고문헌)에서는 다른 상품에 초점을 두고 있다. 그러나 유명인 광고는 패션에서 가장 중요한 커뮤니케이션 채널 또는 수단 중 하나이다. 대부분의 학자들은 제품과 함께 유명인을 사용하는 것은 전이성(transference), 매력성(attractiveness), 일치성(congruence) 때문에 소비자 행동에 영향을 준다고 논의하고 있다.

전이성

전이성 이론에 의하면 한 유명인이 전문성(아디다스 또는 나이키를 지지하는 스포츠인과 같이)과 관련된 브랜드를 광고할 때 소비자가 그 브랜드를 구매하여 사용한다면 그 유명인의 어떤 능력이 자신에게 전달된다고 느끼는 것이다.

매력성

유명인이 매력적이지 않다고 생각하기는 어렵다. 헤어스타일, 의복 등으로 유명인처럼 보이고 싶은 열망이 유명인 라이프 스타일의 세계로 입문하게 만드는 패션 영역에서는 보다 매력성이 더 중요하다. 젊은 여성은 어디에서든 그들이 열망하는 유명인의 스타일을 채택한다. 그들은 잡지를 통해서 유명인의 '룩(look)'과 '그녀'처럼 보일 수 있는 방법에 관한 정보를 얻게 된다. 매력성에 대한 비판적 시각은 젊은 여성들이 자라면서 자신의 직업을 갖기보다는 '유명해지기'를 열망하고, 또한 유명인의 다이어트에 영향을 받을 수 있다는 것이다.

일치성

유명인 광고의 핵심은 브랜드와 유명인 사이에 '일치성(적합성)'이 있다는 것이다. 소비자는 유명인이 그 브랜드를 입는다는 신념을 갖고 있다. 유명인이 그 아이템을 입기 위해 돈을 받았다고 생각하는 소비자는 그렇게 많지 않다. 비록 유명인이 대다수의 광고로 돈을 받는다고 알고 있을지라도 브랜드와 유명인 사이에 일치성이 떨어지지 않는 한 그렇게 생각하지 않는다.

한 특정 브랜드를 광고하는 유명인이 '사진 촬영을 하지 않은' 다른 브랜드를 선호한 유명한 사례가 있다. 한 유명 여배우가 100만 달러에 진(jean) 브랜드를 광고했는데, 다른 경쟁사 브랜드를 입은 사진이 찍혔다. 그녀는 즉시 그 광고에서 제외되었다. 이것은 경제적인 비용뿐만 아니라 브랜드 명성에도 손상을 주었다(그 사진은 전 세계적으로 배포되었다). 이러한 우연한 사건으로 유명인과 브랜드와의 계약이 줄어들 수 있다. 반면에 유명인 스토리에 대한 끊임없는 수요 때문에 파파라치는 항상 유명인을 노출시킬 기회를 찾고 있다.

한 브랜드와 유명인의 조화는 과학원리처럼 정확한 것은 아니다. 어떤 회사는 현재 하고 있는 유명인 광고가 그 브랜드와 관련된 특징(예를 들면 도시적이고 분명한 또는 명확한 삶)을 가지고 있는 사람인지에 대해 조사한다.

'완벽주의자인 시계 제조업자'를 반영하는 오메가(Omega)의 스테판 우콰드(Stephen Urquhart)에 의하면 스포츠 인사들은 이상적인 유명인들이다(Pavri, 2010).

우리의 대표단들은 마치 태그호이어(TAG Heuer)와 같이 정신적 힘과 활기 있는 열정의 전형이다. 그들은 타고난 재능을 사용하여 열심히 일하고 더욱더 높은 예술성과 전문성의 한계를 극복하기 위해 밀어붙이는 불굴의 의지를 가지고 있고, 우리는 그들을 선택했다. 이것은 시계 제조업자가 해마다 획기적인 새로운 시계를 창조하고 혁신을 일으키는 것을 잘 반영하고 있다. 대표단과 일하는 것은 깊은 상호적인 이해를 요구하는 장기적 협력관계이며 계약은 최소한 3년이다.

— 장 크리스토퍼 바뱅(Jean-Christophe Babin), 태그호이어의 CEO

만일 한 유명인이 더 이상 그 브랜드에 적합한 이미지로 그려지지 않는다면 그 유명인은 제외되고 다른 사람으로 대체될 것이다. 프링글(Pringle)은 골프선수 닉 팔도(Nick Faldo)와 오랫동안 협업해왔다. 그러나 프링글이 젊고 문화적인 감성의 모던 브랜드로 재포지셔닝되었을 때 데이비드 베컴(David Beckham)이 도서 사인회에서 프링글 브랜드를 입고 있는 것이 보여졌다.

선데이 타임스(The Sunday Times)의 유명인 파워 50인 리스트는 미디어, 잡지 표지, 구글검색 및 그 이외의 다른 외부 매체로부터 유명인이 얼마나 많이 언급되는지를 종합하여 후보자들의 순위를 정한 것이다.

포브스 셀러브리티 100(Forbes Celebrity 100 list)은 톱 유명인들의 수입에 근거하여 순위를 제공한 것이다.

유명인 협업

비교적 새로운 현상 중의 하나는 모델이나 음악 분야의 유명인이 소매업체를 위한 상품 영역을 '개발'하는 '유명인 협업'이다. 지금까지 가장 대중화된 협업은 케이트 모스와 탑샵이 300만 파운드에 첫 계약을 한 것이다. 글로벌 시장에서 성장하고자 하는 야망과 열정을 지닌 탑샵과 세계적으로 인정받은 모델이 협업함으로써 케이트 모스는 판매 촉진의 수단이 되었다. 케이트 모스와 탑샵은 현재 동의어이다. 이것은 오늘날까지 양쪽 모두에게 상당한 이익이 되고 있다.

디자이너와 하이스트리트 소매업체와의 협업은 흔하게 이루어지지만, 지미추(Jimmy Choo) 상품 영역이 H&M에서 알려지면서 양쪽 모두 비난받게 되었다. 칼 라거펠트(Karl Lagerfeld)와 H&M 사이의 협업은 여러 가지 이유로 크게 성공하지 못하였고, 사람들은 왜 샤넬의 대표가 이러한 형태의 협업이 필요했는지 궁금해했다.

유명인의 영역

어떤 유명인은 소매업체와의 협업을 무시하고 그들 자신의 영역에서만 상품을 개발한다. 빅토리아 베컴(Victoria Beckham), 카프리스(Caprice), 엘 맥퍼슨(Elle Macpherson)은 전문성을 가지고 있다고 인식된 만큼 모두 자신들의 영역에서만 이름을 사용해왔다.

유명인의 포화

유명인이 수많은 브랜드를 후원하게 되면 대중은 회의적으로 돈이면 무엇이든 광고한다고 비판할 수도 있다. 이러한 유명인은 '브랜드 호어스(brand whores)'로 알려지게 된다.

또 브랜드보다 유명인이 더 크게 될 수 있는데, 이것을 '뱀파이어 효과'라고 한다. 하지만 이런 경우 그 유명인은 더 잘 알려지게 되지만 브랜드와의 관계는 끝날 수 있다.

유명인의 사소한 실수

유명인이 사소한 잘못이나 행동으로 인해 어떤 방식으로든 명예와 인기가 떨어질 때 관련된 브랜드도 종종 신문기사에 같이 보도된다. 만일 그 유명인이 한 브랜드를 입고 잘못된 행동을 하는 것이 사진에 찍히면 상황은 더욱 나빠진다. 대중은 유명인의 좋은 시기와 나쁜 시기의 모든 기사를 읽을 정도로 유명인에게 집착한다.

나오미 캠벨(Naomi Campbell)이 폭행으로 지역봉사 판결을 받고 봉사할 때 그녀의 옷차림은 날마다 언론에서 면밀히 주시되었다. 하지만 홍보는 배후에서 계속 작동하여, 이러한 상황에서도 어떤 브랜드도 타격을 받지 않았다. 아마도 이것은 어떤 홍보도 좋은 홍보가 될 수 있다는 옛말을 증명한 것이다. 그러나 대중이 용서하지 않고 명예 회복이 불가능한 범죄의 경우는 선행이나 리얼리티 TV 쇼를 통해 손상된 이미지를 회복할 수도 있다.

유명인과 자선

자선은 윈윈 상황이다. 유명인은 사회에 무엇인가를 환원하는 것으로 보여지고, 자선단체는 유명인 이름과 연관될 때 호응을 얻게 된다는 것을 알고 있다.

보메 메르시에(Baume and Mercier) 시계는 앤디 가르시아(Andy Carcia)가 광고하였는데, 그는 받은 광고비를 자선단체에 기부하였다. 이것은 이타적인 면에서 유명인과 브랜드 연상의 좋은 예이다. 또한 그것은 PR 기사 자료가 된다.

사례 연구 | 케이트 모스 – 현상

모든 잡지와 뉴스 헤드라인에서 '케이트'로 더 잘 알려진 케이트 모스[캐서린 앤 모스(Katherine Ann Moss)]는 1974년 1월 16일 런던 근교의 크로이든 지역에서 태어났다. 그녀는 1988년 뉴욕 JFK 공항 대기실에서 스톰 모델(Storm Model) 에이전시의 설립자인 사라 두카스(Sarah Doukas)에 의해 발견되었다.

그녀의 첫 캠페인은 1993년 캘빈클라인이었다. 케이트 모스는 지속적인 캠페인, 협업, 신문방송에서 스타일을 보도하기보다는 '헤로인 시크(heroin chic)'한 얼굴 때문에 더욱 주목을 받게 되었다. 2007년 **포브스** 선정 세계 부자 리스트에서 그녀는 단독으로 연간 900만 달러의 수입을 번 것으로 보고되었다. **선데이 타임스**에 의하면 2008년까지 그녀의 재산은 4,500만 파운드로 예측되었다. 그 수입은 단지 캣워크 패션쇼의 모델로 번 것이 아니다. 키가 174센티미터인 그녀는 모델로는 상대적으로 작은 편으로, 단지 지인만을 위해서 캣워크에 등장하였지만 최근에는 자주 보이지 않는다. 그녀는 상당히 많은 광고 캠페인에서 브랜드의 얼굴이 되어왔고, 그중 많은 광고가 동시에 진행되었다.

케이트는 많은 자선단체를 지원하며 음악, 영화, TV에 조금씩 관여해왔고, '베스트 드레서' 리스트에서 항상 정상에 올랐다. 하지만 혜성처럼 떠오른 케이트 모스는 위기상황에서 발 빠르게 이미지 관리에 대처하지 못했다. 언론에서는 케이트가 독자 수나 판매를 높인다고 생각하여 어떠한 이유에서든지 그녀는 신문의 헤드라인이 되었다. 비록 결백할지라도 그녀의 늦은 밤 외출은 지나치게 관심을 받았다.

왜 신문방송사는 케이트에게 빠져 있을까? 그것은 대중이 그녀가 볼품없는 오리에서 매력적인 여성으로 바뀐 '옆집 소녀(girl next door)'로 인식하기 때문이다.

케이트는 또한 과도한 스타일보다는 자신만의 스타일을 갖는 패션 리더로 인식되는데, 이것은 최근 탑샵과의 협업에서 분명히 매력적 요소가 되었다. 케이트 모스는 대단하다. 하지만 어느 정도까지 협업할 수 있을까?

2005년에 그녀의 마약복용 혐의사진이 전 세계적으로 공개되었다. 기자들[맥스 클리포드(Max Clifford)]이 지적한 것과 같이 유명인의 '공개'는 매우 복잡한 일이다. 대부분 기자들은 유명인을 언론에 공개적으로 계속 노출시킬 수 있다. 또한 기자들은 대중의 관심을 다른 쪽으로 돌리거나 또는 다른 누군가의 윤리적 불법행위를 보여줌으로써 그 기사를 막을 수도 있다. 그러나 언론사와 브랜드가 여전히 아끼는 케이트 모스의 경우에는 그렇지 않았다. 왜 그 기사가 밖으로 나가도록 했을까?

이에 대해서는 많은 이유가 제시되고 있다.

- 언론사는 그녀를 공공 자산이라 생각하기 때문에 (윤리적 입장에서) 어울리지도 않고 위험한 피터 도허티(Peter Doherty)와의 관계가 끊어지길 원했다. 그는 그녀의 가장 오래된 관심사였다.
- 케이트는 너무 많은 브랜드를 광고했고 단지 그녀가 돈 때문에 하는 것처럼(가끔 '브랜드 호어스'라 불림) 보이는 위기에 빠져 있었다. 그러나 계약 위반 소송 없이는 그 계약으로부터 벗어날 수 없었다.
- 그 사진들은 주목을 끌기 위해 철저하게 조작된 것이었다.
- 이제 서른 살이 되었기 때문에 인기 하락에 대한 경고였다.
- 그 사진들은 진짜이며, 그녀는 관심을 받고 자신의 경력을 되살리기 위해 그 사진이 공개된 것을 기뻐했다.

어떤 경우였든지 케이트는 조사를 받았으나 결코 기소되지는 않았다. 그 이유는 영국법정에서 그 사진들이 언제 신문사로 팔렸는지 증거가 없기 때문에 그녀는 풀려났다. 케이트는 마약복용에 대한 확증 없이 해명 기사를 냈다.

H&M은 다가올 협업에서 그녀를 제외시켰다. 샤넬은 그녀를 빼버렸으나 사과 후 즉각적으로 그녀를 다시 고용했다. 어떤 브랜드는 다시 재계약하지 않았다. 그러나 더 많은 수익이 있는 계약을 하게 되었다(예 : 롱샴).

이후 미국 병원에서뿐만 아니라 언론에서도 명예회복이 이루어졌는데, 실제로 이전보다 훨씬 더 크게 기사가 보도되었다.

2007년 케이트 모스와 필립 그린 경(Sir Philip Green)은 초기에 300만 파운드 가치가 있었던 탑샵과의 협업을 알렸다. 대중들은 케이트 모스가 상품을 디자인하지는 않지만 그녀의 특별한 스타일에 근거한 컬렉션에 권한을 갖는 것을 수용하였다. 사실 케이트는 탑샵의 야심찬 국제화 과정을 촉진시켰다. 2010년 케이트와 탑샵은 회사를 분리했다.

케이트는 전혀 아무것도 말하지 않았고 이것은 그녀에게 크게 도움이 되었다. 그것은 그녀가 생각하고 느끼는 것이 무엇인지 언론에서 논의할 기회를 준 것이다.

유명인 생명주기

제품은 생명주기를 갖는다.

- **소개기** – 디자이너
- **성장기** – 고급시장의 점포에서 이용가능
- **대중시장 수용기** – 하이스트리트 점포에서 이용가능, 높은 수요
- **쇠퇴기** – 유행이 지난 스타일
- **재생기** – 미묘한 변화를 수반한 복귀

우리는 거의 상품주기와 비슷하게 유명인의 생명주기를 볼 수 있다.

- **소개** – 주시관찰
- **성장과 노출** – 초기 인식
- **대중 노출** – 세계적인 명성과 높은 수요
- **쇠퇴기 또는 은퇴** – 유행이나 인기가 사라짐
- **재기 또는 재창조** – 대중무대로 복귀

제품과 같이 유명인을 보는 데 있어서 중요하면서도 가장 명백한 차이점 중의 하나는 가격이다. 유명인이 높은 수요와 세계적인 명성에 도달하기 전, 유명인 생명주기의 신인 단계에는 상대적으로 가치가 낮다. 반면에 소개기의 쿠튀르와 디자이너 패션 제품은 가격이 싸지 않다. 반대로 대중시장에서 수요가 최고조에 달할 때 패션 제품의 가격은 저렴하지만, 유명인은 가장 비싸고 브랜드에 유리하다.

다음의 유명인 생명주기 단계는 케이트 모스의 사례 연구를 참조하면 된다.

주시관찰 단계

초기의 젊은 유명인은 상대적으로 알려져 있지 않으므로 잘 알려진 사람보다 가치가 낮다. 그들은 미래를 위해 주시할 사람[또는 '신인 단계(seeding)'로 알려진]으로 한 브

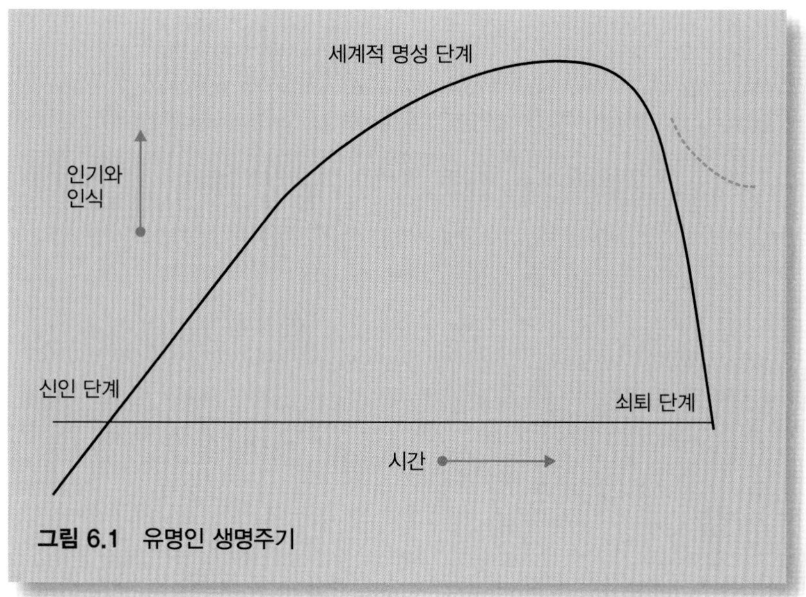

그림 6.1 유명인 생명주기

랜드에 독특한 요소를 제공할 수 있다. 이 단계에서의 약점은 만일 그들이 세계적인 명성을 얻지 못하면 그 투자는 쓸모없는 낭비가 된다는 것이다.

에바 헤르지고바(Eva Herzigova)는 이 단계의 좋은 예이다. 원더브라(Wonderbra)가 적은 예산을 가지고 옥외 광고 캠페인을 위해 그녀(잘 알려지지 않은 캣워크 모델)를 선택하였다. 눈길을 끄는 콘텐츠와 'hello boys'라는 소제목 때문에 매체의 무료 홍보로 수천 파운드의 이익을 얻었다.

이처럼 신인 단계는 브랜드와 함께 성장한다.

초기 인식 단계

유명인은 성장 단계에서 더욱 노출되고 잘 알려진다. 유명인의 인기와 명성이 커짐에 따라 이들과 함께한 브랜드의 인지도도 증가한다. 싫증 나지 않은 새로운 얼굴로 다양한 매체에서 보여지게 된다. 릴리 앨런(Lily Allen)은 그녀의 경력 초기에 뉴룩(New Look)에 의해 발탁되었다.

엠마 왓슨(Emma Watson, 해리 포터 영화로 유명한)은 버버리에 의해 발탁되었다. 영화 첫 개봉이나 이벤트에서 사진에 찍힐 때마다 그녀는 '버버리의 얼굴'로 묘사되었고, 버버리는 그녀가 레드카펫에 오를 때마다 매번 공짜로 이름을 얻었다. 그녀가 성공하는 데 의심의 여지가 없으므로 그녀와 버버리는 지속적으로 함께 노출될 것이다. 그러나 그녀가 공적인 생활에서 은퇴하고 대학을 가서 무명인이 될 수도 있다. 릴리 콜(Lily Cole)은 대학에 가서도 광고와 모델 일을 계속했다. 그리고 그녀는 똑똑하고 유능하다는 것으로 더욱 호기심을 끌게 되었다.

세계적 명성 단계

한 유명인이 세계적인 명성을 가지게 될 때 관련 브랜드 또한 세계적이 된다. 만일 그 브랜드가 글로벌 비즈니스를 하지 않는다면 새롭게 부상하는 시장을 개척할 수도 있다. 마돈나와 루이비통은 동의어가 되어왔다. 세계적 명성은 가격으로도 알 수 있다. 예를 들어 니콜 키드먼은 샤넬 No. 5 광고로 500만 파운드를 받은 것으로 알려져 있다. 그 비용으로 지금까지 크리스마스 프로모션에 세 차례 홍보되었다.

그러나 이 단계에서는 스캔들 또한 전 세계적으로 보도되기도 한다. 인지도가 높은 많은 브랜드를 광고했던 케이트 모스는 세계적으로 명성이 높아진 단계에서 마약복용 의혹에 대한 신문기사로 고전했다. 몇 개의 브랜드들, 특히 H&M은 그녀와 계약을 취소했다. 비록 이로 인해 탑샵으로부터 더 유리한 제안을 얻었다 할지라도 말이다.

세계적 명성이 있는 한 명의 유명인을 광고에 이용하는 것은 사진, 스타일링, 이미지 재생산 측면에서 규모의 경제를 증가시킬 수 있다. 전 세계적으로 여러 국가에 많은 발행판을 가지고 있는 보그와 같은 잡지는 매체 사용에 대한 비용을 협상할 수 있다.

쇠퇴 단계

한 유명인의 인기는 대중의 관심이 사라지거나, 취향이 변하거나 또는 대중의 관심으로부터 벗어나 가정을 선택함으로써 점점 쇠퇴하게 된다. 유명인들 중에서 나이가 들어도 젊은 브랜드를 입을 수 있는 사람은 극소수이다. 그들의 활동은 덜 알려진 브랜드로 축소되지만, '이전의 얼굴'로 영원히 남게 된다. 이것은 아마도 이전의 브랜드가 거리를 두길 원하며 지불이 끝났다는 의미일 것이다.

쇠퇴기에 있는 이러한 유명인들은 때때로 C급 유명인으로 불리는데, 이벤트에 초청될 수 있는 가장 마지막 사람들이다. 쇠퇴 단계의 일부 유명인은 거의 자포자기한 것처럼 보이고 적합성이 떨어지는 브랜드 광고를 수락하기도 한다[예 : 조지 베스트(George Best)와 우유].

재기와 재창조 단계

젊음과 외모가 매우 중요한 패션산업에서 유명인의 재기와 재창조 사례는 거의 없다. 가장 유명한 사례 중 하나는 막스앤스펜서(M&S)를 위한 트위기(Twiggy)의 경우이다.

명성이 최고조인 시점에서 영예롭게 은퇴하는 유명인들은 후에 대중무대로 다시 진입할 가능성이 많다. 유명인 지위를 계속 유지하려고 필사적으로 시도하는 연예인들은 그다지 좋게 보이지 않는다. 리얼리티 TV 쇼는 유명인들이 대중의 시야로 다시 돌아오고 그들의 경력을 회복하려고 시도하는 데 유리하지만 매우 단기적이다. 이것은 단지 그들이 대중으로부터 멀어졌고 지위를 상실했기 때문은 아니다.

유명인 광고 효과 측정

이것은 과학적으로 입증된 것은 아니지만 민텔(Mintel, 패션과 미디어의 가장 최신버전)은 유명인 표지는 잡지 판매량을 3배로 만들 수 있다고 보고하였다. 제5장에 제시된 단순한 광고환산가치(AVE)는 사진을 함께 찍은 유명인과 브랜드에 적용될 수 있다. 유명인의 지위에 따라 만일 잡지 판매회전율이 그 유명인에 의해 3배가 된다면 광고환산가치는 3배가 될 것이다.

예를 들면 에르메스(Hermes)는 버킨백(Birkin bag)을 광고하지 않는다. 빅토리아 베컴이 그 가방을 들고 다니는 사진이 항상 찍히고 그 사진(아내, 엄마 또는 이벤트의 초청자로서)은 기사의 한 면을 확실하게 보장하므로 광고할 필요가 없다.

유명인 광고의 주요 이점

유명인 광고의 주요 이점은 다음과 같다.

- **신문보도** : 새로운 유명인의 등장은 즉각적으로 뉴스거리가 된다. 신문기자들은 항상 기사를 찾고 있으며 유명인 이름이 주의를 끈다는 것을 알고 있다. 유명인 사진과 새로운 광고 캠페인 사진은 무료 홍보와 같다.
- **브랜드 인식의 변화** : 한 브랜드가 재포지셔닝(앞에서 예로 제시된 프링글과 같은) 될 때 새로운 특징을 가진 유명인을 이용하는 것은 그 인물로 브랜드의 새로운 가치를 표현하는 것이다.
- **신규 고객 유인** : 브랜드는 더 나이가 많거나 더 젊은 또는 새로운 시장에 있는 신규 고객을 유인하기를 원할 것이다. 아시아, 미국, 극동시장으로 진입할 경우는 그 시장에 더 친숙한 유명인을 사용할 것이다. 하지만 나이키는 국내시장에서 이미 잘 알려지고 인기가 있는 유명인과 스포츠 스타를 사용하는 경향이 있다.
- **기존 캠페인의 이미지 쇄신** : 스포츠 브랜드, 버버리, 로레알(L'Oreal)은 눈에 띄는 저명한 유명인을 새로운 '멤버'로 추가함으로써 그들의 캠페인은 다시 활력을 찾았다.

유명인 문화의 소멸

커뮤니케이터들은 어떤 시점에서 유명인에 대한 동경은 끝날 것이라고 말하고 있다. 글로벌 경제위기 시기에는 과도하게 보도되지 않았지만 잡지를 판매하고 매체나 온라인에서 논란을 만들어내는 능력은 분명히 약해지지 않았다. 유명인들이 자선사업과 연결되어 있는 경우에는 더욱 긍정적인 시각으로 보여져 왔다. 그러나 경제위기에서는 지속적인 침체로 소강상태를 보이기도 하였다. 사실 이전에는 결코 없었던 매우 다른 유형의 유명인이 존재해왔고, 그들에 대한 대중의 관심이 계속되고 있다. 이러한 유명인 문화의 소멸에 대한 보도는 지나치게 과장되어 왔다.

요약

이 장은 기업이 대중과 의사소통하고 연결되기 위해 유명인을 어떻게 이용하는지 설명하고 있다. 유명인 생명주기의 개념은 유명인의 성장에 따라 여러 단계로 설명되었다. 또한 유명인 가치를 측정하는 방법을 논의하였다.

참고문헌

Clifford, M. and Levine, A. (2006) *Read all about it!*, Virgin Books, London.

Edward-Jones, I. (2006) *Fashion Babylon*, Bantam Press.

Erdogan, B. Z. (2010) 'Celebrity Endorsement: A Literature Review', *Journal of Marketing Management*, 15(4).

Lim, G. (2005) *Idol to Icon: The creation of celebrity brands*, Cyan Books and Marshall Cavendish.

McCracken, G. (1989) 'Who is the Celebrity Endorser? Cultural Foundations of the Endorsement Process', *Journal of Consumer Research*, 16(3): 310–321.

Milligan, A. (2004) *Brand it like Beckham*, Cyan Books.

Pavri, S. (2010) 'Star Quality' in *Red Hot*, December 2010.

Pringle, H. (2004) *Celebrity Sells*, John Wiley & Sons, Chichester.

학습활동

1. 다양한 브랜드와 유명인들(비주얼 이미지 사용)을 찾고, 소그룹에게 브랜드와 유명인의 개성을 묘사하고 적합성을 제시하도록 질문해본다. 만일 이미 어떤 협업을 하고 있다면 적합성이 보일 것이다.

2. 유명인 기사나 사진에 대한 광고환산가치를 계산해본다.

3. 케이트 모스의 사례 연구를 기반으로 그녀의 과거, 현재, 미래 활동과 광고 후원을 찾아본다.

7
패션 소매점포 환경

우리는 문명을 만들어내곤 했었다. 지금은 쇼핑몰을 만든다.

— 빌 브라이슨(Bill Bryson)

이 장에서는

- 소비자 행동에서 소매환경과 브랜드 이미지 전달의 중요성을 제시한다.
- 구매를 촉진하는 소매환경 요소를 규명한다.
- 브랜드 이미지를 지지하는 디자인과 비주얼 머천다이징 역할을 기술한다.
- 실제 점포와 관련하여 인터넷과 온라인 쇼핑의 역할을 설명한다.
- 커뮤니케이션과 거래에서의 판매원 역할을 설명한다.

서론

구매결정의 70%가 패션점포에 있는 동안에 이루어지기 때문에 실제 구매시점에서 소매환경 요소가 중요한 것은 분명하다. 점포 방문은 다른 형태의 매체와 커뮤니케이션, 광고, PR, 친구 또는 브라우징 습관에 의해 촉진될 수 있다는 것에 주의를 기울여야 한다. 소비자 행동의 영향요인, 동기, 라이프 스타일을 추적하기 어렵다는 것은 잘 알고 있다.

소매환경 내에서 마케팅믹스(제품, 가격, 장소, 촉진)의 모든 변수는 소비자의 즉각적인 구매를 유도하는 모든 것과 함께 작용하는데, 이것을 자극장치[트리거 메커니즘(trigger mechanism)]라고 한다. 따라서 특히 소비자는 매우 강력한 자극을 생성하는 감각과 함께 점포환경을 체험하기 때문에 소매환경은 패션 브랜드가 갖고 있는 가장 중요한 마케팅 커뮤니케이션 수단이 될 수 있다.

패션 소매환경 내 커뮤니케이션의 한 부분으로서 비주얼 머천다이징(visual merchandising)은 잠재적 소비자가 점포로 접근하고 진입하여 상호작용할 때 보고, 체험하는 것이라고 정의할 수 있다. 또한 소매환경에서 마케팅 커뮤니케이션은 인포테인먼트(infortainment)로 고려되는데, 정보(트렌드)의 일부와 오락(즐겁게 느끼는)의 일부를 의미한다.

소비자 행동 고찰

소비자 의사결정 과정을 요약하기 위해 다양한 형태의 커뮤니케이션이 쇼핑 행동의 각 단계에 어떻게 영향을 주는지에 주목할 필요가 있다.

- **욕구 또는 필요 인식** : 소비자의 욕구와 필요는 날씨 및 계절변화, 특별한 이벤트에 입을 옷이 필요한 새로운 상황일 때 마음속에 생기게 된다.
- **탐색** : 탐색 행동에는 많은 정보원(잡지, 인터넷 검색, 블로그, 친구와 트렌드에 관한 이야기, 다른 소비자 관찰, 물론 매장 둘러보기 등)이 포함된다.
- **대안평가** : 대안평가는 온라인 또는 소매점포 자체에서 이루어질 수 있다. 이 과

정은 보이는 것보다 훨씬 더 복잡하다. 고객이 '패션계산(fashion math)'이라고 불리는 무언가에 관여하게 된다. 즉 그들의 옷장에 있는 옷에 근거하여 아이템의 효용가치를 평가하고, 투자한 것과 비교하여 얼마나 자주 입을 것인지 또는 구매 후 걱정의 위험부담이 없는지를 평가한다. 쇼핑 동반자나 판매원에게 조언을 구하기도 한다.

- **구매** : 구매시점에서는 다시 처음으로 되돌아가지 않지만 일반적인 교환과 신용체계를 포함한 환불제도는 부정적인 감정을 쉽게 가라앉힌다.
- **구매 후 행동** : 고객이 실수로 구매했거나 성급하게 구매했다고 느끼는 구매 후 부조화를 회피하기 위한 많은 과정이 발생할 수 있다.
- **트렌드 확인** : 이 단계에서는 구매한 아이템이 유행하는 것인지를 확인하기 위해 온라인, 다른 점포 또는 잡지를 탐색한다. 유행을 따르는 친구에게 확인하는 것은 구매를 잘한 것인지 친구에게 묻는 것과 같다.

패션 구매 과정의 모든 단계는 점포의 내적 · 외적 커뮤니케이션의 영향을 받는다.

외적 커뮤니케이션과 영향 요인은 빌보드, 공공 시설물, 버스정류장, 대중교통 장소 등 점포 주변의 옥외 광고일 것이다. 런던에 있는 옥스퍼드 서커스(Oxford Circus) 지하철역은 좋은 예인데, 고객이 지상에서 특별히 탑샵과 나이키의 광고를 보게 된다.

외적 커뮤니케이션은 종종 점포 내 체험과 통합되기도 하고, 광고의 시각적 반영이기도 하다. 이러한 외적 커뮤니케이션은 고객에게 전에 보거나 친숙한 것들을 다시 상기시켜 주는 역할을 한다.

점포 유형

점포의 크기와 위치는 어느 정도의 공간 내에서 형성되는 커뮤니케이션에 영향을 준다. 그러나 강한 이미지를 갖는 모든 브랜드는 최소한의 공간에서 이미지를 전달하기 위해 관리된다. 예를 들면, 백화점에서 루이비통은 매장 사용 권한이 비교적 작은 공간일지라도 큰 점포 유형을 그대로 반영하고 있다.

- **플래그십 스토어**(flagship store)는 브랜드의 총체적인 경험과 제품 범위를 큰 규모로 보여주는 점포이다. 플래그십 스토어는 보통 수도권에서 볼 수 있다. 이 점포는 그 자체가 목적지 점포(destination store)가 되며, 관광객에게는 도시 방문의 목적이 될 수도 있다.
- **자립형 매장**(stand-alone unit)은 브랜드 소매점포 환경의 더 작은 형태로 대부분 다른 주요 도시나 수도권의 2차 상권 지역에 위치한다.
- **컨세션**(concession, 숍인숍)의 형태는 종종 백화점에서 볼 수 있는데 한 브랜드가 백화점의 한 공간을 차지하고 있는 형태이다. 컨세션은 브랜드나 또는 목표시장에 적합한 브랜드를 인수하거나 일부를 매입한 백화점에서 운영한다.
- **독립 매장**(independent store)은 브랜드를 인수한 개인이 소유한 점포이다.

탑샵은 다양한 해외시장에서 이러한 모든 점포 유형을 유통 전략으로 활용한 대표적인 브랜드이다. 탑샵은 런던과 뉴욕에 플래그십 스토어를 가지고 있다. 영국의 주요 도시들과 시내에는 서로 다른 크기의 점포가 있다. 미국에서 탑샵은 몇 개의 주에 자립형 매장을 소개했으며, 또한 백화점[바니스(Barney's)]과 브랜드를 홍보하기 위한 단독 부티크[오프닝 세리머니(Opening Ceremony)]를 활용하였다. 호주에서 탑샵은 독립 매장을 런칭하기 전에 시드니에 있는 인큐(Incu)라고 불리는 단독 부티크에서 시장을 테스트하였다.

점포 위치

일반적으로 패션 소매환경은 매우 경쟁적이며, 소비자는 브랜드 연령과 가격 범위 내에서 함께 밀집되어 있는 이용가능한 점포에서 쇼핑한다. 이것을 '근접성'이라고 한다. 근접성은 많은 하이패션거리 또는 더 독립된 쇼핑 지역(예 : 런던의 옥스퍼드 스트리트와 본드 스트리트를 비교)에서 볼 수 있다. 그러나 점포 속성상 철저히 계획되고 더 작은 규모의 통제된 소매환경인 쇼핑몰에서 가장 분명하게 볼 수 있다.

새로운 쇼핑몰은 브랜드가 새롭게 점포를 디자인할 수 있는 기회를 가지며, 전국적으로 확산시킬 수 있다. 많은 몰에서는 갭(Gap), 자라(Zara), 탑샵(Topshop)과 같은 대중적인 점포들이 서로 가깝게 위치하고 있다. 반면 프라다(Prada), 루이비통(Louis Vuitton), 구찌(Gucci), 버버리(Burberry), 디올(Dior)과 같은 고급 브랜드들은 어느 정도 거리를 두고 위치한다.

웨스트필드 런던(Westfield London)은 패션 전문몰이다. 패션 소비자의 변화 속성을 반영하여 모든 것들이 약간씩 차별화되어 있다. 이 몰에는 4개의 주요 점포인 넥스트(NEXT), H&M, 데븐햄스(Debenhams), 하우스 오브 프레이저(House of Fraser)가 있다. 이 점포들은 일반적으로 많은 고객을 유인할 수 있는 몰의 코너에 위치한 큰 규모의 점포이다. 또한 몰 입구의 주요 지점에 위치하는 경향이 있는데, 이 경우는 대중교통과 가장 가깝게 연결되며, 에스컬레이터가 있어 주차장과 연결된 접근성을 갖는다. 그러므로 이 점포들과 근접한 다른 소매상들은 점포위치 때문에 이윤을 얻고 있다고 할 수 있다. 예를 들면 H&M과 갭은 M&S의 옆에 위치하고 있다.

웨스트필드 런던에는 '더 빌리지(The Village)'라 불리는 럭셔리 매장이 있다. 바닥재와 조명 및 점포의 모든 것은 럭셔리한 느낌으로 되어 있으며, 조용하고 고급스러운 환경은 사람들이 더 비싼 가격에 구매하기에 적합하다. 쇼핑객들은 더욱 천천히 움직이며, 하이패션 점포에서보다 덜 걷지만 아이템별 쇼핑시간은 더 길다. 이 쇼핑몰과 떨어져 있는 자라와 탑샵이 더빌리지로 유도되는데, 이것은 럭셔리 쇼핑객에게 프리미엄 럭셔리 제품과 하이스트리트 트렌드 제품과의 믹스앤드매치(mix and match)를 제안하는 것이다. 더 빌리지는 고급시장 쇼핑객에게 적합한 외국인 방문객을 위한 통역, 퍼스널 스타일리스트, 수선, 핸즈프리쇼핑, 쇼핑 후 운전기사 또는 배달 등의 고객 서비스를 제공한다.

다양한 건물과 공간 제한이 있는 매우 밀집된 대중상권으로 여러 해를 거쳐 진화된 전통적인 하이패션 거리에 위치한 가치 브랜드나 하이패션 브랜드 점포에는 '단서(cue)'가 있다. 예를 들면 그룹으로 쇼핑하는 더 많은 젊은 사람들이 있다. 또한 맥도날드가 있고, 휴지통 이외에 공공시설물이 있다. 그리고 대중교통과 인접해 있다.

반대로 럭셔리 브랜드 상권에는 높은 연령대의 더 적은 소비자가 있다. 혼자 또는 두 명이 쇼핑을 하며, 패스트푸드 형태가 아닌 레스토랑이 있고, 공공시설은 화려한 벤치, 휴지통, 거리 조각상까지 있다. 주차장은 미용실, 네일숍, 택시와 같은 다른 서비스 시설과 가깝게 위치할 것이다.

그렇지만 여전히 '위치' 법칙에 예외가 있을 수 있다. 이 예외는 어떤 이유에서든 경쟁자들과의 접촉을 피하고자 하는 점포들이다. 마탈란(Matalan)과 같은 가치소매업체(value retailer)는 값싼 교외 지역을 선택하였는데, 쇼핑을 위한 목적점포로서 당연히 패션과 생활용품을 진열할 더욱 충분한 공간을 확보하고 있다. 이미 고객이 방문하고자 선택한 점포이므로 마탈란은 최근까지 고객을 끌기 위한 디스플레이를 많이 사용하지 않았는데, 이미 거기에 와 있는 고객이 주의를 끄는 청중이라는 점이 특징이다. 그러나 최근에 마탈란은 점포환경 내 레이아웃과 디스플레이를 향상시키고 있다.

독립 부티크는 지세가 가장 비싼 지역에 위치하지 않는다. 이 점포의 상품과 시각적 요소들은 기존의 하이패션 거리와 약간 다른 무언가를 찾고자 하는 고객을 유인하는 주요인이 된다.

접근성과 회피성

소매업체는 잘 알려진 '10야드 법칙(ten-yard rule)'을 사용하고 있다. 즉 고객은 10야드 거리에서 윈도 디스플레이, 출입구, 사람들 진입을 파악한 후 점포를 선택한다. 우리가 서로 비슷한 사람들에게 끌리는 것과 마찬가지로 개인의 개성과 스타일에 맞는 점포에 끌리게 된다.

많은 상품과 마네킹이 있는 큰 윈도는 고객에게 시각적인 단서이며, 이것은 대중시장 점포(mass-market store)를 의미한다. 반대로 하나의 마네킹이 가격 표시도 없는 의복 한 벌을 입고 있는 작은 윈도는 값비싼 고급 점포를 의미한다. 티파니(Tiffany) 또는 버그도르프 굿맨(Bergdorf Goodman) 점포의 윈도를 생각해보라. 이러한 첫인상을 유지하기 위해서 대중시장 점포는 혼잡한 진입을 방지하기 위해 출입구가 넓고 열려 있다. 그리고 보안을 위한 경호원이 모든 입구에 보기 쉽게 위치해 있다.

프리미엄 가격의 소매업체는 작은 출입구를 갖는 경향이 있으며, 가끔 문은 무겁고 닫혀져 있고(아마 초인종이 있을 것이다), 집사와 같은 슈트 차림의 보안요원이 문을 열어줄 것이다.

그러나 패션에서는 일반적으로 이러한 법칙이 무너진다. 자라는 디자이너 점포환경으로부터 단서들을 가져와서 대중시장(mass-market) 환경으로 변환시킨 가장 첫 번째 점포이다. 이들은 최고급시장에 더 적합한 비싼 마네킹을 사용했고, 윈도에 마네킹을 절제하여 사용하였다. 출입구는 크고 무거운 문을 사용한 탑샵보다 약간 더 작았으며, 비록 보통은 열려 있을지라도 출입구는 고급 점포에 더 적합하게 디자인되어 있다. 자라가 영국에서 처음 오픈했을 때보다 지금은 훨씬 더 많은 디자인 테마가 있으며, 평론가들이 캣워크 패션 상품의 가격을 논하는 것만큼이나 자라의 점포환경에 대해 많이 언급하였다.

비주얼 머천다이징 — 숍 윈도

점포 윈도는 브랜드를 위한 쇼케이스라고 할 수 있다. 윈도는 무언의 판매원이며, 고객이 점포에 진입하도록 유도하고 목표고객을 확보하는 데 기회를 갖게 하는 시각적 커뮤니케이션 수단이다.

비주얼 머천다이징은 점포에 전담 직원의 서비스 없이 시즌 말까지 유지되며(Lea-Greenwood, 1998 참조), 본사의 기획안을 파악하여 실행하는 데 소매점 직원에 의존한다. 그러므로 점포가 모두 똑같이 안전하고 단순하게 보인다는 비판을 받는다.

그러나 백화점이나 새로운 시장(경쟁이 증가된)으로 진입할 경우에는 상품을 차별화할 수 있는 비주얼 머천다이징의 역할을 제고해야 한다.

비주얼 머천다이징(다른 프로모션과 커뮤니케이션을 함께)이 매출(회전율과 이윤)에 기여하는 것을 수량화하기는 매우 어렵다. 그렇기 때문에 시장 침체기에는 일반적으로 이러한 예술적 시도를 위한 예산은 삭감된다.

오늘날 런던의 셀프리지스(Selfridges), 뉴욕의 블루밍데일스(Bloomingdales), 파리의 봉마르셰(Bon Marché)는 전 세계 시장의 비주얼 머천다이징 팀에게 주목을 받고 있으며, 점포를 위한 테마를 연구하고 해석하여 재현하는 데 영감을 주고 있다. 따라서 비주얼 머천다이징 기획은 여전히 중앙에서 통제되지만 창의성이 수익을 내고 있다고 본다.

그림 7.1 홀트 렌프류(Holt Renfrew) 매장 안의 마네킹

마네킹

마네킹(mannequin)은 브랜드의 물리적 재현이며 마네킹의 스타일, 포즈, 무엇을 어떻게 입고 있는지에 따라 어떤 형태의 점포이며, 점포 내 어떤 상품이 있는지를 전달할 수 있다(그림 7.1 참조). 이러한 커뮤니케이션은 그 점포가 관찰자에게 적합한지 아닌지에 대한 즉각적인 단서를 제공해준다.

윈도 테마

전통적으로 윈도는 계절, 휴가 기간, 밸런타인, 부활절, 이드(이슬람 대축제), 시즌 세일 및 크리스마스를 위한 테마를 갖는다. 이는 30% 매출을 내는 캘린더의 주요 이벤트들이다. 많은 백화점의 크리스마스 윈도를 통해 제공하는 리테일 시어터(retail theatre)는 그 자체가 고객을 유인하는 주 요인이 된다.

디스플레이 소도구

디스플레이 소도구는 테마를 유지하고 메시지를 즉시 전달하는 데 도움을 주는 시각적 상징물이다. 예를 들면 항해 휴양의 테마는 닻, 구명조끼, 갑판용 접이의자, 조약돌, 모래 등의 소도구를 사용한다.

디스플레이 컬러

컬러는 다음과 같이 감각을 자극하고 전달한다.

- 레드 : 할인
- 레드와 그린 : 크리스마스
- 블랙과 실버 또는 골드 : 세련미

디스플레이 형태

마네킹은 하나, 셋, 다섯씩 홀수로 배치하는 경향이 있다. 또한 디스플레이는 비대칭 삼각구도를 갖는다. 그 이유는 인간의 눈은 균형을 찾으려 하고, 그렇지 않을 때 계속 균형을 찾으려고 시도하기 때문에 이러한 비대칭 구도는 주의를 끈다. 홀수와 비대칭 삼각 형태를 사용함으로써 보는 사람으로 하여금 평범한 디스플레이보다 더 많은 시간을 소비하게 한다. 이것은 더 긴 시간 동안 효과적인 시각적 커뮤니케이션을 할 수 있게 한다.

비주얼 머천다이징부터 비주얼 마케팅까지

만일 점포 윈도가 스타일과 가격 측면에서 브랜드 이미지를 전달한다면 점포 안에서는 그 브랜드의 정체성을 유지하는 것이 중요하다. 그렇지 않으면 고객은 실망할 수 있으며, 약간은 혼란에 빠질 수도 있다.

따라서 점포에서 윈도 테마와 소도구(장식)를 반복하여 반영하는 것은 일반적인 전술 또는 전략이다. 이러한 전략은 첫째로 고객이 그 점포로 들어갈 생각을 하게 만드는 역할을 한다.

만일 점포에 전문적인 비주얼 머천다이징 담당자나 팀이 없다면 본사의 기획안과 단계적인 지침서가 유용할 것이다. 윈도 테마는 가장 단순한 시각적인 것에서도 메시지를 내·외적 커뮤니케이션과 통합시킬 수 있다. 윈도와 점포에서의 반복되는 광고 캠페인에 시각적 요소가 사용되는 것은 특별한 것은 아니다. 이는 고객이 소매환경 외부에서 브랜드를 보고 회상하도록 상기시킨다는 점에서 패션 마케팅 커뮤니케이션의 통합적 접근이라고 할 수 있다. 외적 캠페인(external campaign)에서 비주얼 사용의 반복은 규모의 경제를 의미한다. 한 명의 사진작가, 한 명의 스타일리스트, 한 명의 메이크업 아티스트, 하나의 모델 그룹, 한 번의 후처리 과정에 의한 사진 한 장은 비용 면에서 효율적이며, 동시에 가능한 모든 기회를 통해 브랜드 이미지를 강화시킬 수 있다. 이미지는 윈도 디스플레이에 맞게 변화될 수 있으며, 점포 주변에 있는 고객을 이끌기 위해 내적으로 이용될 수 있다. 점포 내 잡지, 룩북 및 리플릿상에서 변화될 수 있다. 또한 온라인 매체에서도 사용된다.

브랜드 '자체'의 모든 시각적 측면이 점포환경을 통해 강화될 때 비주얼 마케팅이 된다. 때때로 '브랜드에 푹 빠지는 것'과 같은 비주얼 마케팅은 브랜드 중첩 효과(layering effect)가 나타나기 때문에, 어떠한 순간에도 소비자는 어디에 있고 점포가 전달하고 있는 주요 테마와 스토리가 무엇인지를 정확히 알 수 있다.

대표 상품 아이템

점포가 고객을 유인하고 브라우저를 구매자로 전환시키는 방법 중의 하나는 '대표 상품'을 이용하는 것이다.

대표 상품은 계절 또는 판매를 유도하는 핵심 아이템인 옷이나 액세서리이다. 이러한 아이템은 매체에서 특징적으로 보여주며 점포 윈도와 점포 내 디스플레이의 중심 특징을 나타낸다. 따라서 대표 상품은 강한 시각적 소구력을 갖는다.

어떤 대표 상품은 입기에 적합한 컬러나 스타일 사이에서 눈에 띄게 하기 위해 선택되기도 한다. 이것은 트렌드를 반영하는 가장 최신판으로, 예를 들면 노란색 레인코트이다. 이러한 상품은 고객에게 매력적이며 고객을 안으로 유도할 수 있다. 이 상품은 많이 팔기 위한(또는 판매를 기대하는) 상품이 아니다. 그러나 더 혁신적이고 트렌드를 이끄는 고객이 그것을 구매하지 않을 것이라는 의미는 아니다.

또 다른 대표 상품은 브랜드의 베스트 판매 상품일 것이며, 이용가능하고 튀지 않는 은은한 컬러이다. 레인코트의 경우 가장 잘 팔리는 컬러는 블랙, 레드, 회갈색이며, 이것은 입기에 적합한 대표 상품들이다.

시즌 말에는 가격 인하를 위한 대표 상품을 볼 수 있다. 사실 이 상품은 더 실용적이거나 돋보이는 다른 상품을 팔기 위한 촉매 역할을 한다.

점포 레이아웃과 디자인

패션 점포에서 사용하는 점포 레이아웃에는 부티크형, 격자형, 트랙형의 세 가지 유형이 있다. 이러한 레이아웃 유형은 단독으로 사용하거나 혼합하여 사용될 수 있다.

부티크 레이아웃

〈그림 7.2〉에서 보는 바와 같이 부티크 레이아웃은 고객의 동선을 순차적으로 유도할 필요가 없다. 고객은 일반적으로 점포에 들어왔을 때 오른쪽으로 움직이는 경향('불

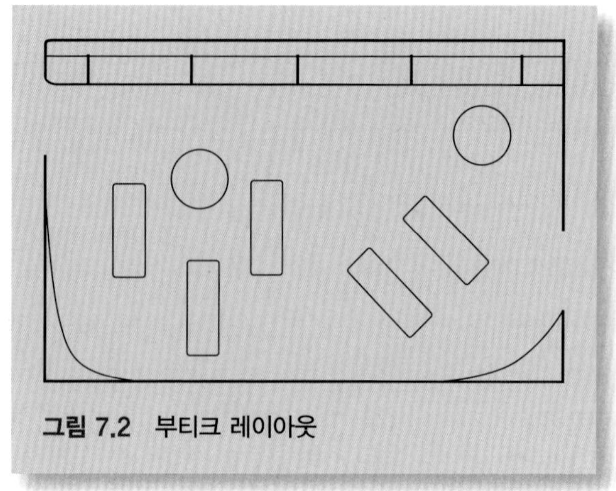

그림 7.2 부티크 레이아웃

변의 오른쪽')이 있다. 이는 점포 레이아웃의 나머지 공간에 영향을 준다. 따라서 가장 잘 팔리는 상품은 종종 입구의 오른쪽에 위치시키지만, 고객이 천천히 걸어서 둘러보기까지 시간이 필요하므로 바로 오른쪽에 위치시키지 않는 것이 효과적이다. 이러한 동선의 속도 조절은 진입하면서 단계적으로 이루어진다.

부티크 레이아웃은 고객이 빨리 돌아보고 나가려는 것을 막는 집기들 때문에 점포에서의 자유로운 동선을 촉진한다. 상품을 접어서 놓는 테이블은 특히 그 상품을 펼쳐보고 만져보도록 하기 때문에 매우 유용한 차단장치가 된다. 한 상품 범주 내 몇 개의 아이템(윈도 또는 점포 내 디스플레이를 반영한)이 함께 판매되므로 부티크 레이아웃은 옷장형 디스플레이를 하기도 한다. 이것은 소비자로 하여금 한 벌로 같이 입을 수 있는 관련 아이템을 구매하도록 유도한다. 넥스트(NEXT)는 옷장형 디스플레이의 최초이며 가장 좋은 예이다.

격자형 레이아웃

〈그림 7.3〉과 같이 슈퍼마켓 레이아웃과 같은 격자형은 고객이 순차적으로 점포를 둘러보도록 촉진한다. 이 레이아웃은 상품 밀집도가 높은 저가 소매업체와 관계가 있다. 점포 내 비주얼 머천다이징 공간이 거의 없는 점포는 디스플레이보다는 판매공간으로 사용하기를 선호한다. 또한 슈퍼마켓과 같이 많은 상품을 구매하도록 쇼핑카트나 큰 바구니가 제공된다. 프라이마크(Primark)가 좋은 예이다.

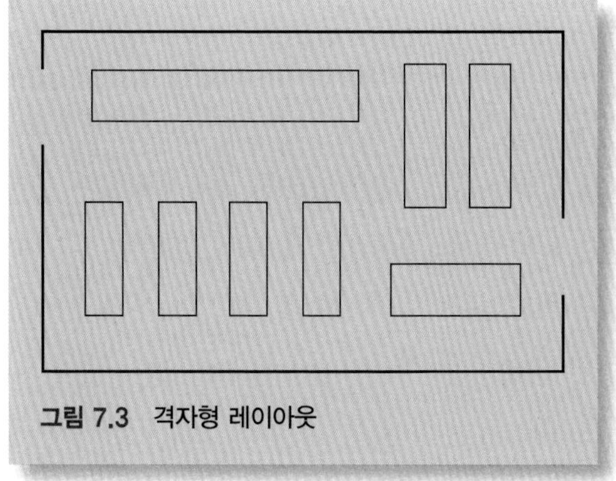
그림 7.3 격자형 레이아웃

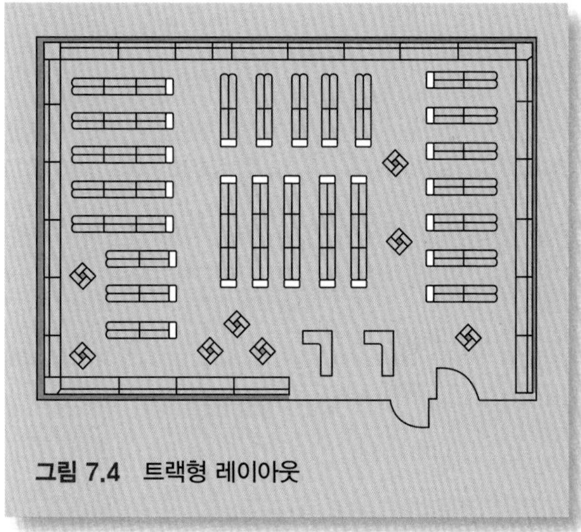
그림 7.4 트랙형 레이아웃

트랙형 레이아웃

〈그림 7.4〉에 있는 트랙형 레이아웃은 소비자가 일반적으로 마룻바닥으로 된 점포 주변 영역에서는 어느 정도 일정한 속도로 움직이게 유도한다. 고객이 상품 탐색을 위한 공간에는 카펫이 깔려진 장소이며(백화점에서는 '매트'라 불림), 이곳에서는 속도를 늦출 수 있다. 백화점의 패션 브랜드의 레이아웃이 이러한 형태의 좋은 예이다.

혼합형 레이아웃

디자이너 점포는 부티크의 느낌을 갖지만 산만하지 않다. 디자이너 점포의 레이아웃은 부분적으로 트랙형 요소를 혼합하여 사용하나 상품이 더럽혀지지 않도록 고객으로부터 일정거리를 유지한다. 즉 고객이 심하게 손으로 만질 수 없게 한다. 고객을 위해 판매원은 제품을 골라서 피팅룸에 갖다 놓는다. 디자이너 점포는 신선한 꽃이나 피곤한 쇼핑 동반자가 편하게 앉아 있을 공간이 있는 것이 특징이다.

단독 매장에는 같이 온 파트너가 가죽소파에 앉아 남성용 잡지를 보며 쉴 수 있고, 냉장고에 있는 시원한 맥주를 마시며 큰 플라스마 스크린으로 가장 최근의 스포츠 경기를 관람할 수 있는 '남성전용' 공간이 있다. 파트너가 기분이 좋고 즐거운 만큼 점포에 더 오래 머물 수 있다. 소비자는 점포에 더 오래 머물수록 더 많은 소비를 하는 경향을 갖는다.

패스트 패션은 점포 레이아웃과 사인(sign)의 큰 영향을 받고 있으며, '매진되기 전에 구매하세요', '구매 마지막 찬스', '마감 임박'과 같은 사인을 보는 일은 특별한 것은 아니다. 이러한 판촉 문구는 고객에게 만일 지금 사지 않으면 더 이상의 기회는 없다는 위험을 느끼게 한다.

곤돌라 집기는 각 상품 범위의 한 아이템을 특징으로 하는데 점포에 너무 많은 상품이 있을 때 독점성을 나타낼 수 있다(그림 7.5 참조).

점포 디자인회사

점포 디자인을 전문으로 하는 회사들은 많이 있다. 보통 이러한 회사들이 하는 일은 추상적 콘셉트-브랜드의 핵심을 물리적으로 재현하는 것이다. 점포환경은 목표고객을 유인하고 가능한 오랫동안 점포에 머물게 하며 그 브랜드 가치를 전달해야만 한다.

디자인회사의 소관은 보통 출입구, 윈도, 벽면과 바닥재, 집기와 부속품, 피팅룸이다. 첼시걸(Chelsea Girl)이 리버 아일랜드(River Island)로 재포지셔닝되었을 때, 몇몇 고객들만이 값싼 하이스트리트 브랜드에서 중간 가격의 대중시장 브랜드로 전환한 같은 회사라는 것을 알고 있었다. 이 재포지셔닝은 피치(Fitch)에 의해 수행되었다.

그림 7.5 점포 내 진열

감각자극

우리가 가지고 있는 감각기관은 주변 환경을 감지하고 반응하는 데 도움을 준다. 예를 들면 시각과 후각은 우리에게 화재의 위험을 알리고, 이때 자연스러운 반응은 탈출하는 것이다. 소매업체들은 고객과 커뮤니케이션을 하기 위해 이러한 감각의 힘을 이용해왔다.

시각

시각적 자극은 의복과 색의 디자인 측면에서 매우 중요하다. 심리학자들에 의하면 듣는 것의 30%가 남는다면 보는 것은 70%가 기억에 남는다고 한다. 이것은 광고가 거의 대부분이 시각적 이미지로 구성되는 이유이다. 점포 내 환경도 다르지 않다. 예를 들면 길 안내 목적을 제외한 대부분의 표지판에 글자 사용은 최소로 유지한다. 이와 같이 시각적 자극은 환경이 커뮤니케이션하는 방식이다.

촉각

옷을 만져봄으로써 우리는 옷과 연결되는데, 그 순간 일시적으로 그 옷을 소유한 것과 같은 상상을 한다. 촉각적(또는 관계) 요소가 많은 옷은 전략적으로 만져볼 수 있는 곳에 위치시킨다. 퍼(fur)는 보편적으로 수용되지 않지만 분명히 촉각적 요소와 관련된다. 캐시미어 의류는 고객이 둘러볼 때 종종 만지거나 자주 펼쳐서 목 높이까지 들어본다.

손 높이 정도로 상품이 쌓여 있는 테이블과 같은 차단장치는 제품을 만지고, 펼치고, 상품에 더욱 관여하도록 유도하는 것이다.

청각

음악은 감정에 강력한 효과를 가지며 분위기와 기억을 유발시킬 수 있다. 소매점에서 나오는 음악은 CD에서 무작위로 선정된 것이기보다는 목표 소비자의 취향을 반영한 것이다. 실제로 음악은 고객을 머물게 하거나 빠르게 움직이게 하는 데 중요한 부분이 되고 있다.

무드 미디어(mood media)는 '배경 음악(ambient music)'을 제작하는 회사로, 선데이 타임스(The Sunday Times)는 다음과 같이 소개하고 있다(2009. 11. 27.).

쇼핑객을 유혹하거나 흥분하게 하는 음악은
기운을 내기 위한 음악을 제작하는 한 회사로부터 시작되었다.
이 회사는 슈퍼마켓에서 패션점포까지
다양한 고객에게 점포 내 음악을 수반한
디지털 스크린과 무선방송을 제작해줌으로써
'감각 마케팅(sensorial marketing)'을 제공할 정도로 성장했다.
또한 현재는 고유의 시그니처 향기도 개발했다.

후각

슈퍼마켓에서는 고객의 구매결정을 유도하기 위해 신선한 빵 굽는 냄새(인위적일지라도)를 사용한다(Fryer, 2011). 빵 굽는 냄새는 점포 내로 스며든다. 빵 굽는 냄새와 신선한 커피향은 고품격 가정생활을 제안함으로써 잠재적인 주부고객을 유인할 수 있다. 따라서 패션 소매점에서 구매를 자극하는 향기를 이용하는 것은 일반적인 일이다.

음악과 마찬가지로 향기는 즉각적으로 기억을 떠오르게 한다. 예를 들면 새로 깎은 잔디 향은 여름이 연상되며, 바삭한 린넨과 코튼으로 기분 좋게 전이된다.

아베크롬비 앤드 피치(Abercrombie and Fitch)는 브랜드 옷에 시그니처 남성용 또는 여성용 향수를 사용하는 것으로 잘 알려져 있다. 매력적인 시트러스향은 점포내 고객을 유인할 뿐 아니라 구매를 하든 안 하든 상관없이 고객이 그 브랜드에 적극 관여하게 된다. 자회사 홀리스터(Hollister)도 같은 방식이었다.

한 쇼핑 동반자는 프라하의 M&S와 맨체스터에 있는 M&S에서 같은 향이 난다고 한때 말한 적이 있다. M&S는 향기를 사용하지 않기 때문에 이것이 국제적인 전략인지에 대한 논란이 있었다.

후각은 주요감각 중의 하나로 전 세계적으로 모든 백화점의 화장품 분야는 향수로 자극하고 있다. 싱가포르 항공은 '감각적 브랜드' 전략을 이용하였고, 뜨거운 타월과 직원이 사용한 향수는 스테판 플로리디안 워터스(Stefan Floridian Waters)라 불렸다. 한 아동복 소매업체는 고유의 달콤한 아로마향 유아용 물티슈를 유아복 공간에 있는 집기를 닦는 데 사용하였다.

점원

점원은 브랜드 의인화로 고려될 수 있다. 의인화란 한 사람이 브랜드의 콘셉트로 재현되거나 또는 한 브랜드가 사람의 특징으로 묘사되는 경우를 말한다. 만일 특정 점포에서 일하는 사람을 묘사해보라고 요구하였을 때 아마도 그 브랜드를 묘사할 가능성이 높을 것이다.

따라서 점포가 목표고객의 연령, 외모, 스타일, 관심과 잘 조화된 직원을 채용하려는 것이 이해될 것이다. 비록 이와 같은 기준이 컴퓨터나 스포츠 전문점과 같은 다른 형태의 점포에서도 적용될 수 있을지라도 패션에서만큼 더 명백한 곳은 없다. 고객과 상호작용하기 전 점원의 외모와 개성을 통해 브랜드 이미지가 고객에게 전달될 수 있다.

아베크롬비 앤드 피치는 홀리스터와 마찬가지로 점포 직원에게 모델 타입의 판매원을 '선발'하도록 허가하였다. 우수한 직원에 대한 판매원의 선발 결정 시 지원자들이 브랜드를 대표할만한 잠재성이 있는지가 고려될 것이다.

한 사례 연구에서는 의인화 또는 커뮤니케이션 형태로서 한 브랜드를 대표하는 판매원의 가치를 점포가 민감하게 인식하고, 법적 규제에도 불구하고 이러한 정책(불문율)이 계속 보장된 것을 보여주었다. 법적으로 소매업체가 연령, 사이즈, 인종, 성별에 따라 직원을 채용하는 것을 금지할 수 있지만, 브랜드와 부합되지 않는 사람이 판매직에 지원할 가능성은 적으므로 자연스럽게 그렇게 되었다. 이러한 차별이 공공연하게 발생하는 유일한 시기는 점포가 재포지셔닝하거나 직원을 줄이기로 결정한 시기일 것이다.

사례 연구

중립적 입장에서 벗어나 더욱 방향성 있는 브랜드로 재포지셔닝 중에 있는 한 점포는 단지 14사이즈 유니폼까지만 제공(이전에는 18사이즈까지 제공)함으로써 14사이즈가 맞지 않는 직원이 그대로 남기를 원하지 않았다. 신문과 노동조합의 부정적인 반응에도 불구하고 그 점포는 요건에 해당하지 않는 직원을 정리해고 했으며, 법원 및 신문지상의 혹평에 대한 대가를 치르는 것이 가치가 있다고 결정했다.

판매원과 잠재고객의 상호작용

젊은 소비자를 목표로 하는 패션 점포에서 젊은 소비자는 일반적으로 상품을 둘러보고, 상품이 있는 위치나 상품을 선택하는 데 매우 능숙하기 때문에 특별히 판매원의 인적 서비스를 제공하지 않는 편이다. 인적 서비스는 나이가 많거나 옷을 선택하는 데 확신이 없는 소비자에게 더 중요하다. 그러므로 이러한 점포 지원이 어떻게 점포 커뮤니케이션 전략의 한 부분이 되는지를 인식할 필요가 있다.

우리는 점포에서 무시하거나 과도한 관심을 기울이는 직원을 경험하게 된다. 판매원은 상대해야 할 고객 유형을 잘 알아야 하지만, 불행하게도 많은 점포는 소비자 심리 교육에 시간과 예산을 투자하지 않는다.

판매원은 점포환경에서 가장 보수가 적은 사람(청소부 다음으로)으로 알려져 있다. 그러므로 판매에 영향을 미치는 판매원의 역할, 기여도, 잠재성은 자주 과소평가된다. 보수가 낮은 직원과 마찬가지로 위탁에 의한 점포 서비스도 좋지 않을 수 있다. 관심 부족은 아첨으로 대체되고, 더 좋은 잠재고객이 주목을 받아야 할 때 관심 받지 못할 수 있을 것이다.

판매원은 잠재고객을 미루거나 회피하는 행동을 할 수 있다. 그러나 판매원은 패션 소매환경에서 가장 첫 번째 인적 커뮤니케이션 도구이며 실제로 훨씬 철저한 교육 프로그램과 권한을 부여받아야 만하다.

피팅룸 직원

피팅룸 업무는 판매원이 대부분 싫어하는 일이다. 그것은 '보안 업무'처럼 단순히 사람들과 의류 제품이 들어오고 나가는 것을 확인하는 것처럼 보이지만, 사업에 가장 큰 영향을 주는 부분이 될 수 있다. 옷을 구매한 고객은 점포 뒤편에 위치한 피팅룸을 찾기 어렵고, 그곳이 적절하거나 좋아 보이지 않아 (에너지를 소비한 후) 실망하기도 한다. 다른 옷을 선택할 옵션이나 상담은 거의 부족한 상태이다. 또한 현장에 반품된 옷들이 가득히 걸려 있는 것을 볼 때도 있다. 이것은 고객과 상호작용할 수 있는 이상적인 기회를 모두 잃는 것이다.

가상점포 환경

소매점포 환경 그 자체가 소비자 행동에 큰 영향을 미치기 때문에 패션 브랜드의 '궁극적인 목적'은 점포 환경을 온라인 형태로 재창조하는 것이다. 물리적 점포 환경이 전혀 없는 점포, 예를 들면 아소스(ASOS)의 경우 이것은 그렇게 큰 문제는 아니다. 왜

냐하면 고객이 긍정적이든 부정적이든 온라인과 비교할 점포 내 경험을 할 필요가 없기 때문이다. 프라이마크(Primark)에서 불쾌한 쇼핑 경험을 한 고객에게는 온라인 쇼핑이 이상적이다. 비록 점포환경 매체가 다를지라도 소비자들은 반드시 비교할 것이다.

최근 경기불황이 지속되면서 온라인 점포를 선호하는 경향이 강하며 소비를 증가시켰다. 오늘날 많은 온라인 소매업체는 '이것을 구매한 고객은 저것도 산다'라는 꼬리표를 이용하여 소비자가 점포 내 체험에 더 많은 시간을 보내게 한다. 이를 통해 잘 팔리는 상품과 더불어 다른 상품이 부가적 판매로 연결됨을 알 수 있다.

지불 경험

이메일과 충성 프로그램은 점포와 관계를 형성할 수 있는 커뮤니케이션은 중요한 기회이다. 이러한 커뮤니케이션 기회를 제공함으로써 소매업체는 구매시점에서 그들의 장점을 알릴 수 있다.

한편, 고객이 줄서서 기다리게 될 때 사과하는 단순한 의사표현은 고객의 역할이 가치 있다는 것을 알리는 중요한 커뮤니케이션이 된다.

점포 환경 감시 : 미스테리 쇼퍼

많은 기업이 소매 경험의 실체를 객관적으로 측정하고 판단하기는 어렵다. 본사에서 직원이 방문한다고 알게 되면, 그 점포는 최선을 다하게 된다. 이런 이유로 점점 많은 소매업체가 소매 환경의 객관적 관찰을 위해 일정기간 '미스테리 쇼퍼(mystery shopper)'를 이용하고 있다.

미스테리 쇼퍼의 역할은 점포에서 '체험한 경험을 스냅사진'으로 찍는 일인데, 이것은 보는 것같이 단순한 일은 아니다. '보통' 고객처럼 행동하면서 관심을 끌지 않도록 해야 하는데, 이것은 매우 어려운 일이다. 점포의 다양한 유형에 따라 미스테리 쇼퍼는 목표시장에 적합한 연령대와 사회계층으로부터 모집한다. 미스테리 쇼퍼는 간단한 상호작용을 하면서 구매를 결정하는데, 이때 가능한 오랫동안 신중하게 휴대전화로 사진을 찍는다.

다음의 체크리스트는 일반적으로 미스테리 쇼퍼에게 요구되는 사항들이다.

- **관찰 시기** : 주중 하루나 다른 날, 다른 시간대는 다른 결과를 준다.
- **외부환경과 주변의 일반적 관찰** : 주변 쓰레기, 교통 이동 변화, 도로공사로 인한 방해, 보수 관리, 주변 폐점포
- **윈도 디스플레이와 작업관리기준** : 청소 상태, 낙서, 테마 부착물
- **점포 내 기준** : 정돈 상태, 직원 외모, 행동, 태도, 피팅룸, 운영방침, 청결 상태
- **지원** : 쇼핑객이 도움을 요청할 때
- **구매 경험**

때때로 '결정적 사건(critical incident)' 기법이 사용되기도 한다. 미스테리 쇼퍼는 섬유 혼용률이나 직원 채용의 기회를 질문하기도 하고, 불평 또는 환불을 요청하거나, 없을지도 모르는 잡지나 광고에서 본 적이 있는 옷을 물어본다.

그다음에 바로 미스테리 쇼퍼는 카페와 같은 근처의 가까운 장소로 가서 보고서를 작성한다. 체크리스트에 없는 기타 다른 의견을 작성하여 회사가 직원 교육 및 채용 등에 도움이 되는 통찰력을 제공한다.

미래 방향

모바일 애플리케이션은 보통 일반적으로 소매 외부 환경에서 고객을 추적하고 새로운 상품 영역을 제안한다.

새로운 기술은 손동작 하나로 윈도 디스플레이를 바꾸고, 상품을 탐색하게 함으로써 고객은 점포를 갈 필요가 없어졌다. 이것은 시간압박을 받는 소비자에게 또 다른 보너스이다.

다양한 발전 단계에 따라 많은 상호작용이 반영되고 있다. 단순히 추가 구매를 제안할 수 있으며, 소셜미디어의 친구와 함께 선택의 기회를 공유함으로써 멀리 있는 친구

로부터 실시간 조언을 얻을 수도 있다.

재고(품) 패드(stock pad)는 고객이 사이즈와 컬러를 체크할 수 있게 한다. 이것은 한 개의 구두만 진열되어 있는 구두점에서 매우 유용하다. 일반적으로 구두 매장은 재고 창고에서 정확한 사이즈와 잘 맞는 구두를 가져와야 하기 때문에 훨씬 더 많은 판매 직원이 필요하다.

요약

이 장은 브랜드 마케팅 커뮤니케이션에 기여하고 있는 소매 환경 요소를 밝혔다.

소매점포 환경은 판매시점에서 브랜드 이미지, 상품 구성 및 가치를 전달한다는 점에서 매우 중요한 것으로 밝혀져 왔다. 그러나 점포는 때때로 무시되고 활용되지 않는 커뮤니케이션 도구이다. 이러한 점포 환경은 무엇보다도 경쟁적인 패션 소매시장에서 차별화하는 데 중요한 수단이 될 수 있다. 점포는 유사한 목표고객을 갖는 경쟁 브랜드들이 밀집된 시장에서 커뮤니케이션을 위한 더 많은 수단을 제공한다.

참고문헌

Fryer, J. (2011) 'Shopped! The insidious tricks stores use to part you from your money', *Daily Mail*, 1 February 2011, available at www.dailymail.co.uk/femail/article-1352392/Shopped-The-insidious-tricks-stores-use-money.html#ixzz1tmyH4KFB [Accessed 1 May 2012].

Lea-Greenwood, G. (1998) 'Visual merchandising: a neglected area in UK fashion marketing?', *International Journal of Retail & Distribution Management*, 26(8): 324–329.

학습활동

1. 서로 다른 수준의 크기, 위치 및 시장에 따라 여러 점포들의 출입구, 윈도, 레이아웃을 비교 분석한다.
2. 방향성이 있는 또는 디자이너 소매업체의 비주얼 머천다이징 관리에 대해 알아보고 (필요한 경우 인터넷을 통해) 어떻게 비용을 효율적으로 대중시장으로 전환시키는지 조사한다.
3. 고객이 시각(시각적 단서), 촉각, 후각(향기), 청각(음악)에 의해 어떻게 반응하는지 다양한 소매점의 고객을 관찰한다.
4. 서로 다른 시장수준에서 다양한 점포 직원을 관찰하고, 브랜드 의인화 측면에서 주의 깊게 관찰한다.
5. 결정적 사건 기법을 이용하여 판매원의 좋은 예와 나쁜 예를 서로 비교해서 분석해본다.
6. 자신에게 주목하지 않도록 미스테리 쇼퍼의 역할을 수행해보고, 만일 수행하면서 어려운 점이 있었다면 무엇인지 설명한다.

8
트레이드 마케팅 커뮤니케이션

기업에 파는 것은 소비자에게 파는 것보다 훨씬 더 어렵다.

— 앨런 슈거, *어프렌티스*(The Apprentice), BBC, 2010년 10월

이 장에서는

- 패션기업이 다른 기업과 어떻게 커뮤니케이션하는지 설명한다.
- 메시지, 처리 과정 및 청중 욕구에 대한 차이를 밝힌다.
- 패션 트레이드 마케팅 커뮤니케이션과 채널의 예를 알아본다.

서론

거래를 위해 브랜드, 제조업체, 공급업체와의 커뮤니케이션은 일반 대중이나 소비자에게 홍보하는 것과는 완전히 다른 차원이다. 트레이드 마케팅(trade marketing)은 한 기업이 다른 기업(B2B)과 의사소통하는 것과 관계가 있다. 언어, 문화, 과정이 매우 다르며, 서로 다른 매체와 채널을 가진다.

산업 부문의 커뮤니케이터인 생 트로페의 줄리안 헵턴스톨(Julian Heptonstall)은 업체 사이의 거래 커뮤니케이션은 "더욱 전문적이며 한 비즈니스에 있는 상황에서는 모두 같은 언어를 사용한다."라고 말했다.

B2B 커뮤니케이션에서 청중은 더 많은 지식을 가지고 있으므로 전문적인 용어를 사용한다. 또한 청중은 사업상 해결점을 찾으려 한다. 무역 잡지(trade journal)는 업체 간 상호 의사소통을 위한 비즈니스 용어(예 : 방향성 있는, 컨템포러리, 프리미엄, 수립된, 평판 좋은, 선주문, 즉시 주문, 판매량, 시즌 재고 보충, 보완 상표)를 사용한다. 또한 무역 잡지는 권장 소매가와 함께 도매가격 및 비주얼 지원(visual support)에 관한 정보를 제공한다.

수많은 브랜드, 제조업체, 공급업체가 소매업체와의 거래를 목표로 하지만 전략적으로 사업목표는 다를 수 있다(제2장 참조).

커뮤니케이션 채널은 다음과 같다.

- 무역 잡지
- 패션쇼
- 패션위크
- 쇼룸
- 전시, 박람회 및 페어
- 룩북
- 이벤트
- 웹사이트

- 이메일 및 소셜미디어
- 점포 내, POS 지원
- 언론 시사회 및 업계 신문(소비자 신문과 상반된) 보도자료

각 채널들은 이용가능하며, 사용하는 데 비용이 든다.

소셜미디어는 어떤 면에서 비용을 절감할 수 있으며 많은 기업과 청중의 거리를 좁힐 수 있다. 그러나 어떤 적절한 방식으로 업체 간 커뮤니케이션을 한다는 것은 여전히 많은 사업에서 중요하다.

거래처는 다음과 같이 분류될 수 있다.

- 트레이드 잡지 **기자들**
- **블로거**
- 국내외 소매점 체인, 백화점, 및 단독 매장의 **바이어**
- **제조업체, 공급업체, 전문업체**(포장 서비스, 판촉자재, 가공장비 및 패션 정보회사)
- 모든 시장 수준에서의 **경쟁업체**
- **학생 및 학문적 관찰자**(많은 학생이 이러한 트레이드 쇼를 볼 수 있는 기회는 없으나, 미래의 의사결정자가 될 수 있으므로 작지만 중요한 집단)

리테일 바이어(retail buyer)는 목표 소비자를 유인할 수 있는 경쟁력 있는 브랜드를 사려고 한다. 또한 제조업체, 공급업체, 다양한 전문 서비스업체는 바이어, 브랜드 및 잠재 바이어와 만나려고 시도한다.

경쟁업체들은 같은 사업 모델을 갖고 있는 다른 회사들[특정 전문 분야(란제리 또는 스포츠웨어)에 속해 있는 다른 일반적인 브랜드, 또는 목표시장이 같은 브랜드]을 계속 주시한다.

보도자료

트레이드 잡지 기자들은 소매업체나 정보통인 대중에게 브랜드, 최근 이벤트나 상품 정보를 알리고, 인터뷰나 보도자료의 정보를 보급시키기 위해서 기업에 대한 기사거리를 찾는다. PR 대행업체나 부서(또는 기업 내부 홍보팀)는 정기적으로 트레이드 잡지 기자나 리테일 바이어들과 의사소통하기를 기대한다. 정보를 기사로 쓰고 보급시키는 데는 여러 가지 방법이 있다(사례 연구 참조).

사례 연구 **프링글 오브 스코틀랜드 캐시미어**

프링글 트레이드 보도자료는 프링글 상품을 취급하는 거래업체 멤버와 기자들을 목표로 한 것이다. 프링글이 패션 아이콘으로 브랜드를 재런칭했을 때 발행된 트레이드 보도자료에는 기자들과 소매업체들이 확신을 갖고 그들의 고객과 의논할 수 있도록 다음과 같은 중요한 정보를 제공하였다.

- 브랜드 역사
- 브랜드 전통, 영국 제조업체, 왕실과의 연계성
- 제품 스타일, 맞음새, 소재 및 세탁방법
- 개인화 서비스

이러한 보도자료나 기자들을 위한 행사 초대는 일반 소비자를 위한 출판물에 사용할 '문구'를 미리 제공하는 것이라고 할 수 있다.

그러나 트레이드 보도자료에서 사용한 언어와 톤은 비록 같은 시즌의 컬렉션일지라도 일반 소비자 잡지의 보도자료와는 매우 차이가 있다. 브랜드 역사와 전통은 디자인 발상의 자료로 전환된다. 리테일 보도자료에는 독자들을 자극하는 문구들, 예를 들면 '섹시하게 허벅지를 드러낸 니트', '킬트의 숭배', '도시 뻔뻔함' 등을 사용한다. 기자들은 소비자들이 읽고 이해할만한 짧고 멋진 문구들을 선택하여 사용하기도 한다. 리테일 보도자료에서 스튜어트 스토크데일(Staurt Stockdale)은 '스토크데일'로만 언급되어 그의 이름이 잘 알려지게 되었다. 라거펠트(Lagerfeld), 갈리아노(Galliano), 베일리(Bailey), 디올(Dior) 등의 고급 패션 하우스의 디자이너들과 같이 그의 명성을 높였다.

트레이드 보도자료

Pringle 프링글 오브 스코틀랜드(Pringle of Scotland)는 1815년 로버트 프링글(Robert Pringle)에 의해 설립되어 그의 기본 원리인 품질, 수공 및 혁신이 오늘날까지 지속되고 있다. 로고에서 두 발로 서 있는 맹렬한 사자는 자부심 있는 전통을 의미한다. 즉 '자부심을 갖고 당신의 프링글을 입어라'를 내세우는 것이다. 100% 캐시미어는 스코틀랜드 국경에 있는 호크(Hawick) 지역의 공장에서 아직도 수공으로 작업

한다. 프링글 캐시미어를 부드럽고 고급스럽게 유지하기 위해서 중성세제를 사용하여 찬물로 부드럽게 손세탁해야 하고, 철저히 행구고 완전히 물을 짜지 말고 부드럽게 당겨 모양을 잡고 깨끗한 수건 위에 펼쳐서 건조시켜야 한다.

프링글 오브 스코틀랜드 이름은 캐시미어와 유사한 의미로 고급 캐시미어 의류를 생산하는 전통에 대한 자부심을 갖고 있다. 스코틀랜드 국경 중심부에 있는 호크 공장에서 100년 넘게 좋은 품질의 캐시미어를 직조해왔다.

프링글 오브 스코틀랜드는 1990년대 초기에 겉옷으로서 니트를 처음 소개한 브랜드 중 하나이며, 양말보다는 다른 아이템에서 아가일 패턴(argyle pattern)을 처음 사용하였다. 또한 프링글은 1930년대 여성과 남성의 가디건 세트를 만들어서 유명해진 디자이너인 오토 와이즈(Otto Weisz)가 관리 운영하였다. 1933년에 와이즈는 그의 열광팬 중 한 명인 에드워드 웨일스 왕자에게 캐시미어를 패션의 필수품으로 소개했다.

프링글 캐시미어의 클래식 상품은 다양한 컬러와 스타일을 일 년 내내 구매할 수 있다. 주요 스타일로 카디건, 브이넥, 라운드넥, 터틀넥, 폴로넥, 민소매 점퍼 등이 있다.

클래식 상품에서는 여성용으로 두 가지 스타일이 있는데, 편안하고 자연스러운 우아한 클래식과 세련되고 최신유행의 몸에 꼭 맞는 슬림한 테일러드 스타일이 있다. 또한 남성용으로 전통적이고 편안하면서도 스마트하고 자연스러운 클래식과 깔끔한 스포츠 디테일에 날씬하고 모던한 테일러드 스타일도 있다.

프링글을 좋아하는 캐시미어 애호가들을 위해 완벽하게 필링을 제거할 수 있는 캐시미어 빗을 생산했고, 프링글이 고안한 캐시미어 펄(cashmere pearl)은 니트웨어를 위한 완벽한 세제이다. 프링글 캐시미어를 부드럽고 고급스럽게 유지하기 위해서 중성세제를 사용하여 찬물로 부드럽게 손세탁해야 하고, 철저히 헹구고 완전히 물을 짜지 말고 부드럽게 당겨 모양을 잡고 깨끗한 수건 위에 펼쳐서 건조시켜야 한다.

캐시미어 니트를 보관하기 위해 프링글은 새틴으로 된 보호덮개를 생산했는데, 이것은 닳거나 찢어지는 것을 보호해주며 제품을 구매한 매장에서 무료로 받을 수 있다.

런던의 프링글 소매점에서 제공하는 니트 컬렉션의 가장 최고의 맞춤 서비스는 고객이 주문한 컬러와 스타일을 만들어 24시간 내에 보내주는 것이다. 이러한 서비스와 더불어 고객이 선택한 단어를 구매한 제품에 무료로 자수를 놓아준다.

리테일 보도자료

신사는 금발, 흑갈색 또는 붉은색 머리의 여성(캐시미어를 입은)을 선호한다!

프링글 오브 스코틀랜드는 화이트홀(Whitehall) 1번가에 있는 전통적인 젠틀맨 클럽(Gentleman's Club)이 개최하는 캐시미어 클럽(The Cashmere Club)에서 A/W 살롱 쇼(Autumn Winter Salon Show)를 선보인다.

이것은 스코틀랜드 전통을 깨는 컬렉션으로 킬트(kilt)와 니트의 새로운 법칙을 보여주었다. 테일러드의 세련됨과 도시의 도도함을 믹스함으로써 스토크데일은 (부드러움이 있는 딱딱함, 도시와 시골, 나이를 초월한 새로운 시도, 가죽, 캐시미어, 골드 메탈릭과 흐르는 듯한 리본 등) 남성성과 여성성을 지속적으로 공존하게 하였다.

(계속)

칙칙한 컬러와 프린트는 1940년대 프링글 자료에서 영감을 받은 것이며, 위풍당당한 블랙 킬트와는 대조되었다. 부드러운 크림색이 스토크데일의 눈에 띄는 블루컬러와 배색되어 신선하면서도 관능적으로 보였고, 이는 캐시미어 꽃무늬 스타킹과 케이프를 입은 지적인 매춘부 같은 이미지를 표현하였다. 섹시하면서도 편안한 캐시미어의 완벽한 조합이다!

킬트는 도시생활에 맞게 미니 킬트 케이프(mini kilt cape), 마이크로 킬트 스커트(micro kilt skirt)와 스카프, 날카롭게 자른 바이크 재킷과 같이 모든 가죽장식이 있는 전통적인 블랙 킬트를 짧게 자르거나 변화시켰다. 이것은 마치 킬트 생산업자의 딸이 그 사업을 물려받은 것같이 킬트를 숭배하고 있다. 이렇게 변화된 것들은 결코 다시 똑같아지지는 않을 것이다.

이튿날 아침 '그의 좋아하는 점퍼'는 섹시하게 허벅지를 드러낸 니트 드레스로 다시 태어난다. 프링글 아가일은 노출의 핵심으로 팔, 다리, 몸통 부분을 감싼 손으로 짠 다이아몬드형 망사로 대체되었다. 또한 매우 긴 수술로 장식된 케이프는 지롱(Geerong) 지역의 올이 굵은 램스울(lambswool)을 입은 어깨를 덮고 있다.

마지막으로 전통적인 트윈 세트(twinset)는 그로그랭(grosgrain) 리본으로 대체되어 어른거리는 골드색의 우아한 리본 드레스가 되었다.

2003 A/W 컬렉션에서는 스토크데일이 재미있고 세련미가 넘치는 프링글의 화려한 전통을 재해석하고 재창작하여 보여주었다.

무역 잡지

드레이퍼스(Drapers) : 이 패션업체는 영국의 대표적인 패션 트레이드 주간 잡지로 글로벌 인지도가 있는 패션업체를 대상으로 발간된다. 이것은 소비자가 주 단위로 구매하거나 구독할 수 있는 잡지는 아니다. 온라인 버전인 www.drapersonline.com은 패션산업의 가장 최신 뉴스를 매일 제공한다. 드레이퍼스는 특정 기간 동안 패션업체에게 관심이 높은 의류, 신발, 란제리, 액세서리와 관련된 기사를 다루며, 제조, 광고, 경력과 교육 분야도 포함하고 있다. 또한 이 잡지는 브랜드, 서비스, 채용의 분야별 광고를 포함한다. 드레이퍼스 잡지 기자들과 수년간 매우 영향력이 있는 에디터인 에릭 머스그레이브(Eric Musgrave)는 패션 소매산업에서 최고의 주제들을 맡아서 논평하는 것으로 유명하다.

드레이퍼스는 매년 가을 컨퍼런스인 '패션 서미트(fashion summit)'의 주최자로서 이 회의에 유명한 연설자나 파견단을 끌어들인다. 다른 컨퍼런스에서는 '전자소매업' 또는 '전자상거래'와 같은 특별한 주제를 다룬다. 또한 드레이퍼스는 매우 유명한 이벤트에서 세분 시장별로 브랜드와 소매업체에게 매년 패션 어워드를 수여하고 주요 우수 부문에서는 평생공로상을 수여한다.

드레이퍼스의 기사 내용을 분석한 결과, 다음과 같은 주제를 포함하고 있다.

- 특정 시기의 주요 이슈에 대한 사설
- 뉴스 총괄
- 비평과 분석
- 특집 기사
- 항목별 구인광고
- 신입사원 채용 기회

다른 전문가 잡지의 예로는 주얼리 바이어(Jewellery Buyer), 브라이덜 바이어(Bridal Buyer)가 있다.

패션쇼

개인 회사들은 그들의 점포 관리나 파트너 점포 및 바이어를 위해 패션쇼를 개최한다. 이러한 패션쇼 행사는 보통 무역 잡지뿐 아니라 일반 주요 잡지에서도 다루어진다.

회사는 패션쇼를 통해 새로운 시즌 상품을 소개하고 비주얼 머천다이징 아이디어를 제안할 수 있는 기회를 가진다. 또한 판매기법이나 제품 지식에 관한 세미나를 제공하기도 한다.

베네통(Benetton)과 같은 가맹점 운영자는 패션쇼를 커뮤니케이션 도구로 사용한다. 해외시장에 가맹점을 운영하는 넥스트(NEXT)는 컬렉션을 보러 올 파트너를 본사에서 초대한다. 이것은 가맹점 파트너가 컬렉션을 진열하는 방법을 볼 수 있는 기회가 된다.

언론 시사회는 보도자료를 통해 앞으로 다가올 뉴 시즌 패션쇼를 미리 보여준다. 막스 앤 스펜서(M&S)는 8월에 다가올 매장의 컬렉션을 위해 7월에 A/W 컬렉션 보도자료를 내보낸다.

패션 위크

런던, 뉴욕, 파리, 밀라노의 패션 위크는 패션 커뮤니케이션 일정상 주요 행사이다. 최근 몇 년간은 상하이, 이스탄불과 같이 새롭게 부상하고 있는 시장들이 패션 위크에 참여하고 있다.

패션 위크는 고유의 브랜드가 되었고, 후원자들에게 홍보할 수 있는 스폰서십을 끌어들인다. 런던 패션 위크의 주요 스폰서는 영국패션협회(British Fashion Council)이다. 또 다른 스폰서로는 보다폰(Vodaphone), 아메리칸 익스프레스(American Express), DHL을 예로 들 수 있는데, 이 회사들은 패션과 직접 관련되지는 않지만 패션산업을 지원하는 촉매 역할을 한다.

패션 위크는 하이스트리트 패션 트렌드를 소개하는 매우 잘 알려진 이벤트이다. 이 패션 위크 이벤트의 청중은 백화점과 독립매장의 트레이드 바이어(trade buyer), 신문과 잡지기자, 스타일리스트, 영향력 있는 블로거, 기타 디자이너뿐 아니라 당연히 패션쇼에서 좌석 앞열(FROW)에 앉는 유명인들도 포함된다(그림 8.1).

패션 위크는 무역 잡지와 일반 소비자 잡지에서 매우 다르게 보도된다. 무역 잡지는 컬러, 실루엣, 장식이나 소재의 더 전문적인 면을 제공하는 반면, 일반 잡지의 기자들은 소비자에게 새로운 트렌드를 소개하는 데 초점을 둔다. 무역 잡지는 디자이너 또는 브랜드를 소개하고 리드 타임(lead time), 최소 주문량 및 도매가격 정보를 제공한다.

쇼룸

쇼룸은 패션기업에게 중요한 커뮤니케이션 도구이다. 쇼룸은 종종 최고의 수준에서 브랜드를 소개하기 위해 멋있게 배치된다. 벽에는 전문적인 사진이 걸려 있고, 쾌적한 의자와 수준 높은 다과가 준비되어 있다. 쇼룸은 마치 플래그십 스토어처럼 보인다(그림 8.2 참조).

그림 8.1 패션쇼 좌석 앞열(FROW)의 유명인들

바이어는 쇼룸에서 모든 상품을 먼저 보고 목표시장에 적합한 상품을 결정한 후, 다가올 시즌을 위해 선주문을 할 수 있다. 쇼룸에는 브랜드, 이미지, 고객 및 광고 대표상품에 대해 잘 알고 있는 능숙한 직원이 있다. 이 직원은 같은 상품 범주에 있는 다른 브랜드에 대해 조언해줄 수 있다. 또한 쇼룸 직원은 브랜드가 어떤 소매점에 적절한지 결정할 수 있고, 어떤 점포로 공급되는 것을 거부할 수도 있다.

쇼룸은 기자들과 트레이드 바이어들을 위해 이벤트를 개최한다. 조촐하고 간단한 데이타임(daytime) 이벤트 또는 호화로운 이브닝 페어(evening fair)일 수도 있다. 샴페인 브랜드인 파이퍼 하이직(Piper Heidsieck)은 후원하는 한 구두 이벤트 참석자들에게 구두 모양의 샴페인 잔과 작은 병의 샴페인을 제공하였다(그림 8.3 참조). 이 경우에는 선물에 대한 기사에 감사의 표시로 파이퍼 하이직 이름을 언급할 수 있을 정도로 영향력 있는 스타일리스트와 패션기자들이 주요 타깃이 된 것이었다.

대도시에서 전문적 쇼룸을 개최할 수 없는 회사들은 전문 쇼룸과 공간을 공유하거나

그림 8.2 랄프로렌 쇼룸의 디스플레이

그림 8.3 크리스찬 루부탱과 파이퍼 하이직의 공동 스폰서십

PR 회사의 서비스를 이용한다. 회사들은 호텔이나 다른 가능한 공간에서 '트렁크쇼(trunk show)'를 개최함으로써 쇼룸으로 대체하거나 보완한다(초기에 영업사원이 상품 샘플을 여행가방에 가지고 다녔던 것에서부터 유래되어 '트렁크쇼'라고 말한다).

전시 및 무역박람회

오늘날 인터넷을 통해 가상공간에서 훨씬 더 많은 정보를 이용할 수 있다. 그러나 무역박람회와 전시는 오랜 역사를 가지고 있으며, 패션산업의 쇼케이스와 네트워크를 위한 행사로서 지속적인 역할을 하고 있다.

전시 및 무역박람회는 다음과 같은 역할을 한다.

- 제품군을 전문적으로 취급한다.
- 인터넷 환경에서는 놓칠 수 있는 많은 사람과 브랜드를 한 공간에서 함께할 수 있다.
- 경쟁업체를 관찰할 수 있다.
- 바이어들이 보고 만져볼 수 있는 실제로 많은 브랜드를 보여준다.
- 잠재적 바이어와 개인적으로 의사소통할 수 있다.
- 세미나를 통한 교육 기회를 제공한다.
- 네트워크 및 사회적 기회를 제공한다.

패션을 위한 박람회 일정은 선주문한 바이어를 돕는 시기와 비슷하다. 2013 S/S 컬렉션은 2012년 여름에 전시된다. 어떤 전시는 바이어들이 '꼭 가야 하는' 전시로 보이며, 어떤 전시는 비교적 작지만 새로운 것들이 있다.

다음과 같은 많은 전시가 있다.

- 남성복 전시
  - 피티 이마지네 우오모, 피렌체(Pitti Immagine Uomo, Florence)
  - 스티치 런던(Stitch, London)은 6,000명의 방문객을 이끌며 퓨어(Pure)와 동

등하게 진행된다.

↳ 여성복 전시

- 쁘레따 뽀르떼(Prêt á Porter), 파리
- 퓨어, 런던(Pure, London)은 영국에서 가장 잘 알려진 이벤트 중의 하나이다. 모든 시장수준에서 1,000개의 여성복 패션 브랜드뿐 아니라 액세서리와 신발류를 제공하므로 소매업체가 하이스트리트 패션사업에 투자하여 경쟁할 기회를 제공한다. 3일 이상 패션 전문가 세미나, 캣워크 쇼, 네트워크 및 리셉션을 갖는다.

↳ 남성복과 여성복 전시

- 모다, 버밍엄(Moda, Birmingham)은 란제리, 수영복, 신발류 및 액세서리를 포함한다.
- 갤러리, 코펜하겐(Gallery, Copenhagen)은 독립 소매상들에게 유명하다.

↳ 아동복 전시

- 피티 이마지네 빔보, 피렌체(Pitti Immagine Bimbo, Florence)는 500개 브랜드와 평균 1만 1,000명의 방문객을 갖는다.

↳ 스트리트 패션 전시

- 퓨어 스피릿, 런던(Pure Spirit, London)은 트렌드를 이끄는 300개 브랜드를 선보이며 퓨어 전시와 나란히 진행한다. 캣워크 쇼, 무료 조식, 네트워크 이벤트, 비주얼 머천다이징과 소셜미디어 주제의 전문가 세미나가 포함된다. 이러한 박람회는 독립 매장, 백화점, 대규모 소매점 체인을 위한 회의, 네트워크 및 교육처럼 보인다.
- 브랜드 앤드 버터, 베를린(Bread and Butter, Berlin)은 가장 영향력 있는 무역박람회 중의 하나로 2011년에 10주년이 되었다. 그 전시대는 그들 고유의 설치 예술처럼 보인다(그림 8.4 참조).

↳ 신발류

- 미캄, 밀라노(Micam, Milan)는 약 4만 명의 방문객을 갖는 세계에서 가장 중요한 패션 신발 쇼이다.
- 매직, 라스베가스(Magic, Las Vegas)

↳ 전문가

그림 8.4 베를린 브래드 앤드 버터 박람회의 힐피거 전시대(2011년 7월)

- 프레미에르 비종, 파리(Premiere Vision, Paris)는 가장 유명하고 많이 참석하는 이벤트로 최신 실루엣과 컬러 트렌드, 직물산업의 기술 혁신을 선보인다.
- 피티 이마지네 필라티, 피렌체(Pitti Immagine Filati, Florence)는 니트 원사를 전시한다.
- 런던 텍스타일 페어(The London Textile Fair).
- 에끌라 드 모드, 파리(Eclat de Mode, Paris)는 패션 주얼리 전문 박람회이다.
- 패스트 패션 투어, 런던(Fast Fashion Tour, London)은 패스트 패션을 보길 원하는 거래업체들에게 반응이 좋은 새로운 무역쇼이다.

최근 무역 환경에서 박람회는 제한된 재정 때문에 전시자와 참여자를 모집해야 하는 어려움을 갖고 있다. 그러나 주요 박람회에는 충성고객이 있다. 소수의 회사대표가 오거나 회사를 대표하는 한두 명이 정보를 수집하고 관람한다. 많은 무역박람회는

(a)

SOURCE
EXPO
THE FASHION TRADE SHOW
DEDICATED TO ETHICAL
SOURCING

IMAGE: ADA ZANDITON, SOURCE
AWARD WINNER

(b)

그림 8.5 전문가 박람회 : a. 윤리적 소싱 b. 환경친화적 패션

방문자 수를 밝히는 것을 꺼리는데, 이는 모든 방문자가 의사결정을 할 위치에 있지는 않기 때문이다. 즉 그들은 단지 정보만 수집할 수도 있다. 브레드 앤드 버터(Bread and Butter)는 시니어 바이어(의사결정자와 주문서 작성자)가 참가한다고 알린다.

소매업자와 소비자의 관심이 높아짐에 따라 최근 전문가 무역박람회가 트레이드 쇼 일정에 포함되고 있다. 윤리적 소싱 박람회 및 에코 시크 뉴욕(Eco Chic New York)은 더욱 새로운 무역박람회의 예이다(그림 8.5 참조).

사례 연구 | 패션이 예술을 만나는 곳

스쿠프(Scoop)는 런던에 있는 사치 아트 갤러리(Saatchi Art Gallery)에 기반을 둔 패션 무역박람회이다. 이 박람회는 '도시의 최고 상권에서 몇 분 만에 갈 수 있는 곳으로, 산업 부문에서 가장 영향력 있는 바이어와 기자들에게 브랜드를 소개한다'고 광고한다. 이 박람회는 새로운 형태의 이벤트로서 거대한 전시홀과 비교하면 작지만 매우 사적인 느낌을 갖게 한다.

바이어, 경쟁업체, 제조업체, 매체는 소비자 청중과는 구분되는 전문가의 상업적 관점에서 브랜드를 본다.

또한 쇼의 판매 공간은 하나의 비즈니스이기 때문에 기업의 입지를 보이기 위해 많은 디자인을 세일즈 팩과 스탠드 애플리케이션(stand application)에 포함시킨다.

그림 8.6 세일즈팩과 스탠드 애플리케이션

트레이드 마케팅 전시대

박람회에서 전시대는 브랜드를 전달할 수 있는 도구이다. 가장 매력적이고 흥미로운 스탠드를 갖기 위해 경쟁이 치열하다.

전시대 인력

전시대에 있는 사람은 브랜드나 서비스의 가장 첫 번째 의사전달자로서 이들은 친절하고 설득적이며 지식을 가지고 있다. 브랜드 소유주나 CEO들은 브랜드나 서비스에 열정적인 만큼 가장 최고의 사절단이라 할 수 있다. 전시대에 영향력 있는 사진[예 : 디젤(Diesel) 전시대의 렌조 로소(Renzo Rosso)]는 많은 대중의 주목을 받았다.

한 브랜드에 고용된 모델(그림 8.7 참조)은 단순히 매력을 가중시키는 것 이상이어야

그림 8.7 힐피거 모델

한다. 그들은 회사를 대표하는 완벽하게 압축된 정보를 제공해야만 한다. 이때 적은 수로 팀을 구성한다면 비용도 저렴하고 현명한 선택일 것이다.

전시대나 접대에 친구들이 더 많은 것은 피해야 한다. 그곳은 미래의 잠재적인 사업 계약을 하기 위한 곳이다.

룩북

트레이드 커뮤니케이션 도구로서 이용되는 룩북은 광택지를 사용한 값비싼 인쇄물이다(그림 8.8). 룩북은 구입업체와 기자들에게 판매시점(point-of-sales) 자료로서 시각적인 사진과 함께 상품번호, 컬러 기획, 사이즈, 도매가격에 관한 정보를 제공한다.

그림 8.8 예거(Jaeger)의 룩북

전시대 시공자 및 가시적 · 비가시적 비용

전시대 시공자들은 디자인 회사와 협력하여 단순한 전시 부스를 제작하거나 또는 더욱 세련된 세트를 만든다.

브랜드 앤드 버터에서 사용된 가장 세련된 스탠드 중의 하나는 제작비용이 25만 파운드가 넘는다고 한다. 이것은 가시적 비용에 해당된다. 판촉 사은품, 전시 인원, 접대, 모델, 음악, DJ 및 안무는 전시의 총 비용(50만 파운드 정도)에 부가되는 비가시적 비용이다.

판촉 사은품

판촉 사은품은 박람회나 패션쇼 체험에 중요한 부분이다. 기업 데이터베이스를 위해 명함을 주고받는 과정에서 대부분의 방문자들은 선물을 증정하는데, 이를 통해 친밀한 감정으로 연결되어 대화를 시작할 수 있다.

패션쇼나 방송이벤트에서의 사은품은 종종 '선물꾸러미(goody bag)'로 알려져 있으며(그림 8.9 참조), 무료 샘플과 홍보자료가 같이 들어 있다.

펜, 스티커 노트, 펜 드라이브(USB 메모리 스틱), 로고가 있는 사탕 및 스트레스 볼(stress ball)이 일반적이며, 그것들은 경쟁사가 제공하는 것보다 더 좋은 것이어야만 한다. 판촉용 사은품은 그 공급처가 어디인지 볼만한 가치가 있도록 '머스트 해브(must have)' 아이템으로서의 특징을 가져야 한다.

책상 위(예 : 문진) 또는 주변에 놓는 선물(예 : 열쇠지갑, 보관용 슈트커버, 우산)은 회사나 이벤트를 오랫동안 기억하게 한다. 야구모자는 도시의 남성복 전시에서 인기가 있다. 그러나 너무 평범한 것으로 보일 수 있다.

패션업체 방문자를 위한 사은품은 회사와 관련된 유용한 선물이어야만 하며 무엇보다도 감각이 있어야 한다. 〈그림 8.10〉은 런던에 있는 인도 레스토랑의 손님에게 제공된 판촉 사은품이다. 처음에 봤을 때는 이상하게 보일지 모르지만 고객의 마음속에 그 레스토랑을 오랫동안 기억하도록 하기 위한 특별한 전략이다. 이 레스토랑은 베이커 스트리트(Baker Street)에 있는 M&S 본사 맞은편에 있어 공급업체, 디자이너나 광

그림 8.9 차에 있는 '선물꾸러미'

고업체를 접대하는 장소로 그 레스토랑을 이용할 가능성이 높을 것이다.

이벤트

무역업체는 현재와 미래의 소매업체, 바이어 및 언론사와 커뮤니케이션하기 위해 다양한 이벤트를 갖는다.

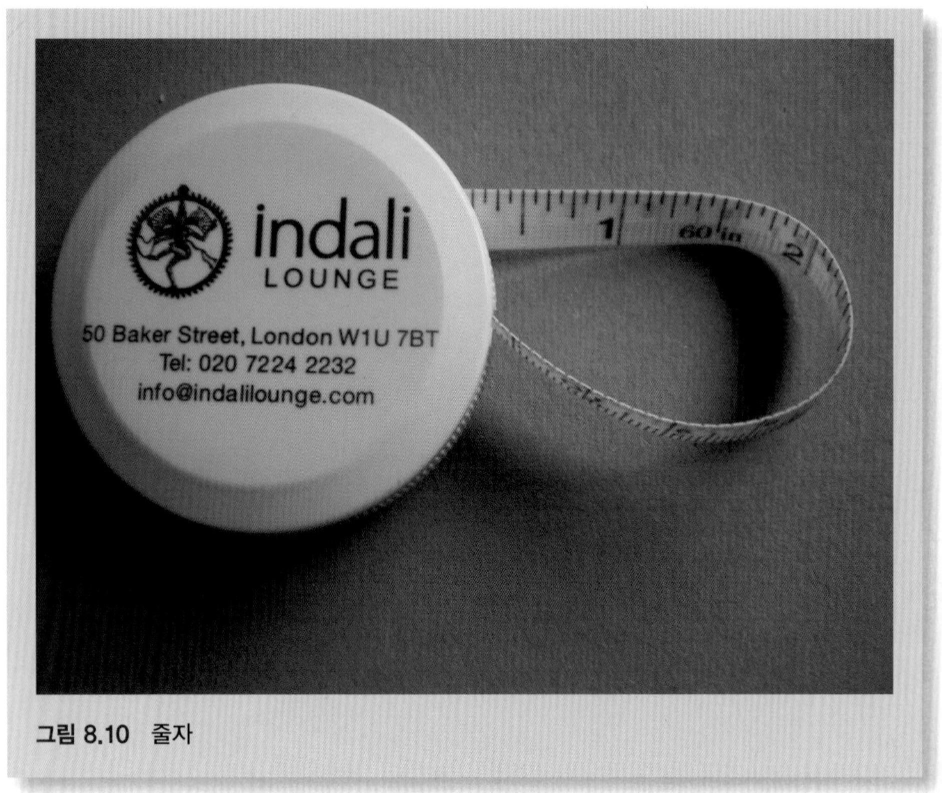

그림 8.10 줄자

이벤트 형태는 다음과 같다.

- 조식 회의
- 쇼룸 리셉션
- 컨퍼런스, 박람회, 패션쇼 시상식 및 음료 리셉션

애프터쇼 파티는 향후 초대자를 찾거나 언론에 실리기도 한다.

기자들이나 최근에 더욱 영향력 있는 블로거들은 PR 직원(내부 직원 또는 외부 에이전시)이 브랜드 철학과 새로운 컬렉션을 설명하는 브랜드 쇼룸에 초대된다. 홍보자료에는 보도자료 복사물, 룩북의 사진 및 적당한 선물이 포함되어 있다. 또한 이러한 정보는 인터넷으로 전달되기도 한다.

이벤트가 끝난 후 방문자들에게 감사를 표하거나 정보 제공과 접대에 대한 피드백을 요구하고, 방문자 정보를 회사 데이터베이스에 저장하는 것은 필수이다. 많은 회사는 바이어나 언론사와의 접촉을 필요로 한다는 구체적인 대화를 하기도 한다.

웹사이트

일반적으로 회사 웹사이트는 소비자, 기업체, 구매업자, 언론사를 목표로 분야별로 구분되어 있다. 분야별 사용하는 용어는 청중에 따라 다양하다.

이메일과 소셜미디어

무역회사는 정보 구축을 위해 접촉하는 데 다양한 방법을 사용한다. 무역박람회 방문자들은 명함을 남겨 상품 추첨의 기회를 갖는다. 이것은 이메일로 향후 B2B 마케팅 활동을 위한 접촉가능한 업체 목록을 회사에 제공하는 것이다.

소셜미디어는 개인적이고 즉각적인 커뮤니케이션의 중요한 수단이 되어왔다. 페이스북은 '친구'를 모으고 정보를 유포하는 데 중요한 도구가 되고 있으며, 또 다른 '친구'들과 정보를 공유할 수 있다. 누어 바이 누어(Noor by Noor)는 바레인 지역에 기반을 둔 패션기업으로, 페이스북을 사용하여 상대적으로 낮은 비용으로 고객이나 기업체와 매우 성공적으로 상호작용하였다.

또한 트위터나 블로그는 이벤트 기간 동안에 중요한 커뮤니케이션 도구가 되는데, 영향력 있는 스타일리스트가 전시나 이벤트를 알려서 참여를 유도할 수 있다. 또한 블로거들은 패션쇼 맨 앞줄에 앉는 언론인이나 유명인만큼 중요해지고 있다.

트레이드 지원

트레이드 이벤트 후 상품이 점포에 도착하는 데 오랜 시간이 걸린다. 브랜드가 커뮤니케이션을 위해 '판매시점'의 상품을 알리는 POP 광고를 지원하는 일은 매우 중요하며, 다음과 같이 여러 가지를 시도한다.

- 포스터
- 포장
- 비주얼 머천다이징의 디스플레이 소품
- 미니 룩북
- 우편엽서

이러한 모든 것은 점포 환경에서 브랜드를 지원한다.

요약

이 장은 패션산업의 트레이드 측면에서 B2B와 B2C 사이의 커뮤니케이션 차이점을 설명하였다. 또한 트레이드 마케팅 커뮤니케이션과 채널의 예들을 제시하였다.

학습활동

1. 이 장에서 언급된 몇 개의 무역박람회와 회사의 웹사이트를 방문해본다.
2. 몇 개 브랜드를 선택하고 그 브랜드의 트레이드 커뮤니케이션과 소비자 커뮤니케이션을 알아본다. 고객과의 커뮤니케이션(B2C)에 사용되는 용어가 트레이드 커뮤니케이션(B2B)에서 사용하는 용어와 차이가 있는지 주요 단어들을 나열해본다.
3. 두 가지 유형의 보도자료를 작성해본다. 하나는 거래업체를 위한 자료이고, 다른 하나는 소비자 기자들을 목표로 한 것이다.
4. 거래를 위한 이벤트, 전시공간, 패션쇼, 쇼룸에서의 미팅 또는 조식 이벤트를 어떻게 계획할 것인지 설명하고, 그 행사의 총 비용을 산출한다.

9
국제 패션 마케팅 커뮤니케이션

… 그리고 그곳은 멀리 떨어진 다른 나라에 있다.

— 셰익스피어

이 장에서는

- 해외시장에 진출한 패션기업에 영향을 미치는 요인들을 설명한다.
- 마케팅 커뮤니케이션의 전략적 차이 관점으로 문화, 소비자, 기후 제약에 대한 예제를 제시한다.
- 국제 커뮤니케이션의 규제적 체제를 논의한다.
- 커뮤니케이션 캠페인 구축을 위한 이슈 탐색으로 바레인(Bahrain) 사례 연구를 제시한다.

서론

자국 시장에서의 경영은 친숙하면서도 안전한 편이다. 새롭고 낯선 시장에서의 경영과 의사소통은 상당한 도전을 야기하고, 특히 커뮤니케이션 전략적 관점에서는 더욱 그러하다.

국제 소비자

동질적인 집단은 유사한 특성이 있고, 이는 특히 럭셔리 브랜드의 글로벌 캠페인에 유용할 수 있다. 예를 들어 런던, 파리, 밀라노, 도쿄, 상하이나 중앙아시아에 살고 있는 30대 남자 사업가는 휴고보스(Hugo Boss) 정장에 처치(Church) 신발, 롤렉스(Rolex) 시계, 아르마니(Armani) 언더웨어, 나이키(Nike) 스포츠웨어를 입고, 지방시(Givenchy) 애프터쉐이브를 바르고, 폴스미스(Paul Smith) 서류가방을 든다. 이러한 도시에서 쇼핑을 하는 젊은 여성 역시 이들과 동질적인 집단의 구성원일 수 있다. 소비자가 거주하고 있는 문화에 의해 이러한 집단들은 구분된다. 소비자 문화에는 차이가 있으며, 이들의 문화는 소비자 행동에 영향을 주며, 그들과 의사소통하는 방법을 이해하는 중요한 열쇠이다.

무관세 쇼핑회사인 글로벌블루(Global Blue, www.global-blue.com)는 2011년 봄 26개국에서 숍(SHOP)이라는 출판물을 동시에 출간하여 세계 주요 패션 도시에서의 쇼핑 가이드를 제공하고 있다. 출판물의 1/3은 광고이며, 2/3는 기사로 구성되어 있다. 또한 온라인에서 이용할 수 있으며, 세금 환급금을 계산하는 앱(app)을 갖고 있다. 기고자들은 주요 고수익 잡지의 저널리스트들이다. 잡지는 쇼핑 지역 모든 점포의 위치를 보여주는 지도를 포함하고 번역판을 제공한다(예를 들어 런던 가이드는 중국, 러시아, 아랍어로 번역됨).

해외시장에서의 경영

많은 패션 브랜드가 온라인이나 소매점포를 통해 해외시장으로 진출하고 있다. 추진 요인(push factor)은 기업이 국내시장에서 벗어나 해외시장으로 확장하게 한다. 유인 요인(pul factor)은 새로운 시장으로 기업을 유인한다.

추진 요인

추진 요인은 국내시장의 한계를 넘어 사업을 확장하는 요인이나 조건을 의미한다. 이러한 요인들은 국내시장의 치열한 경쟁, 이윤율 감소, 소비자 기호 변화, 정부 규제 혹은 새로운 시장 확장을 통해 더 높은 수익을 기대하는 주주의 압력과 관련된다. 조직 차원에서 해외시장으로의 확대는 경쟁사를 따르거나 국제적 기업이 되길 원하는 고위급 경영자 팀의 의지에 달려 있다.

시장의 포화 상태는 시장이 잠재적으로 더 이상 성장할 가능성이 없고, 이윤율 증가 가능성이 희박할 때를 의미한다. 이는 시장의 상황을 반영하거나 기업체제의 위축을 반영한 것이다. 이러한 상황에서 브랜드는 국내의 생존가능한 지역마다 하나의 점포를 가지고 있어 내수시장에서 더 이상 기회를 찾기가 어렵다. 기회의 부족은 기업이 통제하기 어려운 다양한 요인의 조합으로부터 발생한다.

- 경기 불황
- 규제 조건(예 : 건축허가)
- 법인세나 최저 임금의 증가
- 인구통계학적 영향(예 : 노령화 인구)

유인 요인

유인 요인은 국내시장의 매력적 요인 부재보다는 해외시장의 매력 요인과 더 관련이 있다.

더 낮은 경쟁수준, 정부의 규제완화, 시장의 격차, 더 나은 공급망 조건 등으로 내수시장보다 높은 운영 수익을 얻을 수 있을 때 기회 요인이 된다.

브라질, 러시아, 인도, 중국(BRIC 국가)과 같이 해외시장의 경제적 상황은 부유한 소비자의 수요에 기인한다. 예를 들어 중국의 부유한 중산층 성장은 해외 패션 브랜드의 수요를 가속화시키고 있다.

새로운 시장은 상대적으로 진입 장벽의 규제요소가 최소화되어 있고, 어떤 경우에는 인센티브를 통해 긍정적으로 시장진입을 장려하기도 한다.

어떤 개발도상 국가의 더 젊은 인구구조는 패션 소매상에게 매력적이다. 국제화하고자 하는 기업이 어떠한 시장이 매력적인가에 대해 보는 방법은 다양하다. 상당수가 기업의 목적과 새로운 잠재적 시장 상황과의 일치 정도, 해외시장에서 근무하기 위한 사회기반시설(예 : 주요 위치에 있는 사옥)에 달려 있다. 선진화된 서구 시장은 문화적으로 유사하여 상대적으로 진입이 용이할 것 같으나 이미 포화상태일 수 있다.

사례 연구 | 탑샵

추진 요인과 유인 요인이 기업의 국제화에 어떻게 영향을 미치는지에 대한 예제를 영국 기업 탑샵의 미국 진출 사례에서 볼 수 있다. 탑샵(Topshop)은 미국 내 백화점 영업 지역(concession)과 오프닝 세리모니(Opening Ceremony)라는 부티크 안에서 캡슐 컬렉션(capsule collection)으로 상품을 테스트하였다.

탑샵의 영국시장 밖으로의 추진 요인은 다음과 같다. 비즈니스를 할 수 있는 모든 지역에 점포가 있으며, 타깃 시장은 포화상태이고, 지을 수 있는 몰(mall)도 거의 없다.

탑샵의 미국시장으로의 유인 요인은 다음과 같다. 유명인들과 기자들에 의해 브랜드가 알려졌고, 비즈니스 모델(패스트 패션)로 경쟁자가 거의 없으며, 영국 패션의 대담함은 미국 소비자에게 환영받았다. 이러한 요소는 마케팅 커뮤니케이션에서 활용되었는데, 탑샵 런던으로 알려진 매장은 유니온 잭(Union Jack), 붉은(red) 런던 버스, 빨강(red) 우체통과 같은 대표적인 브리티시 상징물로 표현하였다.

탑샵은 뉴욕의 플래그십 스토어에 이어 시카고에 두 번째 매장을 오픈하였다.

영국은 포화시장이라는 개념이 적용되지 않고, 여전히 외국 진출 업체와 해외 패션 브랜드에게 매력적이다. 이 시장은 해외 기업의 직접투자가 가능하여 글로벌 패션 브랜드에게 인기가 높다. 영국은 치열한 경쟁 시장으로 묘사되지만, 소비자들은 패션에 굶주려 있기 때문에 아직도 매력적이다.

사례 연구 **포에버21**

미국을 기반으로 하는 패스트 패션 유통업체인 포에버21(Forever 21)은 2010년 11월 영국 버밍엄에서 개점하고, 이어 아일랜드 더블린에서 오픈하였다. 이는 대다수 미디어의 주목을 받은 2011년 7월 런던의 플래그십 스토어 오픈에 앞서 문제해결을 확인하기 위한 '소프트' 오프닝이다. 이 브랜드는 영국의 모든 주요 도시, 몰 그리고 주요 패션거리에서 5년 안에 100개의 점포를 가질 것으로 보고하였다(Drapers, 2011년 7월 29일).

문화적 관점에서 영국은 안정적인 환경을 가졌다 할 수 있는데, 포에버21은 프로모션으로 기독교적 문장을 사용하고 쇼핑백에 요한복음 3장 16절의 성경구절을 프린트하였다. 회사는 이를 가족의 개인적 신념의 표현으로 사업과는 별개임을 언급하였다. 이러한 프로모션 로고는 향후 이슬람 국가로 진입할 때 조정되어야 할 것이다.

이러한 회사 신념의 공표는 불가피하게 근로자와 공급업체를 다루는 방식에서 감시를 받게 된다(BBC Radio 4는 2011년 7월 29일 'You and Yours' 프로그램에서 이를 논하였다). 상당수의 웹사이트는 저가격대의 운영에 대해 논의하였다.

신흥시장

신흥시장은 최근 성장하는 시장으로, 경제적 발전이 생활수준 향상과 부유층 소비자를 증가시켰지만, 인구의 상당한 수는 여전히 빈곤수준에서 살고 있다. 산업화된 도시 지역 이외에는 문맹수준이 낮고 커뮤니케이션 기반시설이 충분히 개발되어 있지 않다. 통합된 커뮤니케이션 캠페인 개발은 더 문제가 되는데 그 이유는 지리적 규모와 이러한 시장의 범위 때문이다. 쿠바 같은 시장은 정치적 제약 때문에 진입이 거의 불가능하다. 아프리카와 같이 정치적으로 안정적이지 못한 시장은 패션 소매업체 진출을 보장하기에는 아직은 소비자의 가처분 소득이 충분하지 않다.

A. T. 커니(A. T. Kearney, www.atkearney.co.kr)는 국제 경영 컨설턴트 그룹이다. 이 기업은 위험 요소, 포화 정도, 매력성, 시간 압박의 4개 요소를 바탕으로 유통환경의 상대적 잠재력을 나타내는 유통개발지표를 해마다 출간한다. 이는 유통업체들에게 현 시점에서 진입할 시장과 피해야 할 시장을 훑어보고 결정하는 데 훌륭한 지표 역할을 한다.

베네통은 1990년대 초 쿠바에 진입하여 5개 점포를 오픈하였다. 의류 배급제도가 폐지되고 가처분 소득이 증가한 시점에, 쿠바 소비자가 이전에 베네통 제품을 구매할 수 없었다 하더라도 '초기 진입자의 혜택'과 쿠바인에게 이미 친숙한 가치 있는 브랜드로 보이기 위해서 장기적 전략으로 이 시장에 진입하였다. 그러나 최근 2개의 점포를 닫았는데, 현지 시장에서 기대했던 것만큼 빠르게 성과를 보지 못함을 의미한다.

개발도상국 시장 vs 선진국 시장

기업들은 내수시장과 같은 사회기반시설을 갖추지는 않았지만 성장 중인 시장에 진입 여부를 결정해야 한다. 동유럽시장은 소비자 취향과 패션 선호도가 문화적으로 비슷하여 시장 진입이 더 쉬울 수 있으나, 모든 시장은 독특한 특성들을 가지고 있어 문화적으로 유사하다고 할 수 없다. 그러므로 현지 문화를 반영하는 커뮤니케이션 전략을 개발하는 것이 중요하다.

기업이 커뮤니케이션 전략을 개발할 때 문화를 초월하거나, 그렇지 않으면 문화적 규범 관점에서 특정 타깃시장의 니즈에 적합하도록 상당히 수정해야 한다. 중동과 극동 시장은 서구시장과 문화적 유사성이 없어, 커뮤니케이션을 포함한 소매점 운영에서 현지 관습과 문화를 준수하도록 수정해야 한다.

이러한 잠재적 시장의 공통점 중 하나는 문화적 차이와 서구국가와의 거리이다. 이들 국가로 진입하여 경영하고 의사소통을 할 때, 현지 시장에 적합하도록 다양한 관점에서 마케팅 믹스 전략이 수립되어야 한다.

- **상품**(product) : 사이즈의 차이, 계절적 변화, 기후와 컬러의 다양성
- **가격**(price) : 수입 관세나 세금의 차이
- **장소**(place) : 소매업체가 쇼핑몰과 백화점에서 영업할 수 있다.
- **프로모션**(promotion) : 어떤 시장에서는 표준화된 캠페인이 사용될 수 있다. 글로벌 캠페인이 사용될 경우 브랜드가 약간의 수정은 여전히 해야 한다.

해외시장에 진입하는 유통업체가 이러한 문화적 차이를 극복하기 위해 시도하는 주요

방법 중 하나는 현지 회사와 파트너십을 체결하는 것이다. 어떤 국가는 파트너십이 의무화되어 있다.

전반적으로 국제화를 추구하는 패션 유통업체는 다음의 5Cs를 명심해야 한다.

- **고객**(customer) : 라이프 스타일과 패션에 대한 태도(예 : 오스트레일리아는 좀 더 캐주얼과 스포티한 취향을 지님)
- **문화**(culture) : 예를 들어 현지의 종교적 제약에 적합하도록 대중매체의 의복 및 커뮤니케이션 수정
- **경쟁사**(competition) : 이미 시장에 있는 소매점들과 그들이 수행해왔던 전략
- **기후**(climate) : 다른 제품보다 의복에서 훨씬 중요한 문제이다.
- **제약**(constraints) : 패션의 범위를 소유하고 경영하고 의사소통하는 규제 체제

좀 더 따뜻하거나 추운 기후는 베스트셀러의 지표가 되는 상품 범위를 테스트해볼 수 있고, 이를 통해 기업은 빠르고 적합하게 반응할 수 있다. 넥스트(NEXT)와 막스 앤 스펜서(Marks and Spencer, M&S)는 중동 지역에서 여름 상품을 테스트하고 있다. 프레드페리(Fred Perry)는 러시아 시장에서 따뜻한 재킷을 선보인 후 영국과 유럽, 미국 시장에서 소개하였다.

탑샵(Topshop)이 오스트레일리아로 처음 진출하였을 때, INCU라 불리는 시드니 부티크 안의 한 영역에서 '시장 테스트'를 하였다. 그러나 탑샵은 기후를 고려하지 않고 잘못된 시즌 상품을 보낸 것을 곧 깨달았다. 그 후 탑샵은 다양한 제약과 문화적 · 기후적으로 다른 시장에서 소비자들을 좀 더 정확하게 표적화하기 위해 영국 본사에 국제 부서를 설립하였다.

가맹점(franchise) 운영은 서구 브랜드가 중동이나 극동시장에 진입할 때 사용하는 대중적인 방법이다. 해외 파트너는 새로운 시장에서 브랜드 경영에 대한 모든 위험 요소와 혜택을 감수하고, 현지 소비자, 문화, 경쟁사, 날씨, 제약 요소에 적응하도록 소매업체를 도울 수 있다.

알샤야(Alshaya) 그룹은 중동아시아, 북아프리카, 터키, 러시아 및 동구권의 여러 나

라들을 관할하는 가장 큰 프랜차이즈 운영 업체 중 하나이다. 이 그룹은 80개국 이상에 직원을 두어 특정 시장의 니즈와 욕구, 문화를 이해하는 데 도움을 준다(www.alshaya.com). 알샤야 그룹은 프랜차이즈 파트너로 마케팅 믹스 전략을 현지 시장에 적합하게 자문해주고 조정해준다.

국제적 규제 체제

모든 정부는 광고하는 제품에 대해 무엇을 말하고 무엇을 할 수 없는지를 어느 정도 규제한다. 이러한 제약은 법이나 규정으로 되어 있다. 영국의 광고표준위원회(Advertising Standards Authority)는 모든 광고는 합법적이고, 품위 있고, 정직하고 진실되어야 한다고 선언하였다. 중국 정부는 인터넷에 집중한다. 종교법에 심하게 영향을 받거나 독재국가나 공산주의 정권을 제외한 대다수 나라들은 자체적인 규정을 택해왔다.

이러한 규제는 글로벌한 범유럽 패션 브랜드들이 커뮤니케이션 캠페인을 제작할 때 특히 어느 정도 수정을 요구한다. 각각의 시장은 추측되어서는 안 되며, 개별적인 조사가 필요하다.

대다수의 국가에는 '어려운' 문제라 불리는 사기성 광고나 허위 광고를 불법화하는 규제가 있다(Copley, 2004). 문화적으로 다른 시장에 진입하려는 패션 소매업체에게 영향을 미치는 문화적 차이는 '부드러운' 문제로 불린다. 그러나 이러한 문제들도 역시 중요하다.

종교

많은 시장은 종교적인 상징 사용과 독특한 연출에 민감하다. 한 예로, 두 수녀가 키스하고 있는 베네통 광고는 가톨릭 국가의 격분을 불러일으켰다. 이슬람법은 광고나 윈도 디스플레이를 포함한 어떠한 형태의 커뮤니케이션에서도 여인들의 사용을 매우 엄격히 규제하고 있다.

여성과 아동의 표현

광고에서 여성의 역할과 대상화는 여러 국가의 주요 쟁점으로, 광고가 시장에서 중단될 수도 있다. 하지만 프랑스와 같은 나라에서는 여성의 나체 사용이 널리 용인되어 있다.

스웨덴과 같은 나라에서는 아동을 이용한 광고나 아동을 타깃으로 하는 광고가 금지되어 있다.

언어

프랑스에서는 프랑스어 보존을 위해 광고가 번역되어야 한다. 예를 들어 넥스트(NEXT)의 광고문구인 '섬유제품에 생명을 불어넣다(bring fabric to life)'를 문자 그대로 '죽은 직물을 소생시키다(resuscitating dead material)'로 번역하였는데, 이는 브랜드가 보여주기 원했던 정확한 이미지가 아니었다.

프렌치 커넥션(French Connection, 'fcuk' 로고와 소제목을 사용하는 회사)은 몇몇 시장에 진입할 때 철저히 검토하였다. 조사 이유 중 하나로, 자국 시장에서는 'fcuk' 슬로건이 쓰인 수천 개의 티셔츠 판매가 가능했지만, 진입하려는 몇몇 해외시장에서는 이 브랜드의 전체 이름을 사용해야 했기 때문이다.

금기와 관습

어떤 국가에서는 종교적 제약으로 인해 창의적인 패션 마케팅팀에게 명백하지 않은 금기가 존재한다. 제품이나 커뮤니케이션 전략에서 두려운 상징물(소, 십자가상)이나 불결한 동물(돼지) 사용 등이 여기에 해당된다.

나이키는 알라신을 위한 아랍 상징물을 무심코 런닝화에 사용하였다가 격분을 불러일으켰다. 신발에 그의 이름을 사용하는 것은 비하적하며 모욕적이고 매우 불쾌한 일로 간주된다.

태국에서는 발바닥을 보여주는 것을 매우 모욕적인 것으로 여긴다. 어그(UGG)와 같이 신발류를 기반으로 광고하는 회사에는 영향을 줄 수 있다.

국제 패션 마케팅 커뮤니케이션의 표준화와 적응화

기업이 운영하는 각각의 시장에서 마케팅 믹스의 모든 요소가 반복된다면, '표준화(standardisation)' 전략을 채택한 것으로 설명된다. 완벽한 표준화는 동일한 제품을 생산하고 동일한 가격에 단 하나의 커뮤니케이션 캠페인을 지원받고, 똑같은 점포에서 판매하는 것을 의미한다. 표준화의 주요 혜택은 규모의 경제이다. 이를 통해 판매를 위한 제품 생산이든 마케팅 요소이든 간에 동일한 아이템을 대량으로 생산함으로써 개당 비용을 절감할 수 있다.

그러나 국제시장에서 마케팅 믹스의 표준화는 매우 드물다. '글로벌' 이미지를 갖고자 하는 명품 브랜드조차 제품의 색상이나 가격, 유통방식, 마케팅 케뮤니케이션에서 표적시장에 적합하도록 미묘한 차이를 둔다.

5Cs의 관점에서 소비자 요구에 부응하기 위해 마케팅 믹스에 변화를 준다면, '적응화(adaptation)' 전략을 채택한 것으로 설명된다. 적응화 전략의 중요한 이점은 기업의 전략이 표적시장에 좀 더 근접할 수 있다는 것이다. 그러나 과정 측면에서 더 많은 자금이 들 수 있다.

모든 기업은 마케팅 믹스와 특히 커뮤니케이션 전략에서 표준화와 적응화를 혼합하여 사용하고자 한다.

표준화 : 리바이스

데님 브랜드의 상징인 리바이스(Levi's)는 창의적인 마케팅 캠페인으로 유명하다. 리바이스는 1980년대 말에서 1990년대 초 유럽 진출 시기에 클래식 라인 501을 알리기 위해 미국 생활의 세부사항에 대한 시각 자료와 청소년의 세계 공통어인 미국의 소울 음악을 사용하였다. 광고는 유럽에 동시에 방영되었고 501은 품절되었다. 가장 잘 알려진 첫 번째 광고는 마빈 게이(Marvin Gaye)의 오리지널 곡인 'I heard it through the grapevine'을 사용한 '빨래방(launderette)'이다. 오늘날 이러한 클래식 광고는 일반적으로 유튜브에서 볼 수 있다.

리바이스가 유럽 전역 지상파 티비에서 닉 카멘(Nick Kamen, 그 당시 알려지지 않은 모델)이 Y자형 팬티까지 벗고 스스로 남성 언더웨어의 혁명이 된 사각팬티(boxer shorts)로 바꿔 입는 것을 보여주는 것이 너무 외설적이라(자기규제, self regulation) 여기는 것은 흥미롭다. 캘빈클라인은 사각팬티에 브랜드의 기반을 두었다.

2011년 8월, 리바이스는 소셜미디어 채널인 페이스북을 이용하여 최초의 글로벌 캠페인을 시작하였고, 영화관, 인쇄매체, 옥외매체로 그 뒤를 이었다. 글로벌 최고 마케팅 담당자인 레베카 밴 딕(Rebecca Van Dyck)은 19개국에서 "사람들은 캠페인을 공유할 수 있고, 이야기할 수 있다. 하나의 목소리, 하나의 메시지를 갖는 것은 매우 흥미로우며, 우리 소비자가 세계적이기 때문에 그렇게 되는 것은 당연한 것 같다."라고 말하였다(Drapers, 2011년 7월 29일).

적응화 : H&M

40개 이상의 국가에서 약 2,200개의 점포와 거래하는 H&M은 글로벌 브랜드로 간주된다. H&M은 수년간 세간의 주목을 끈 다수의 디자이너와 유명인과 협업해왔다. 디자이너나 유명인과의 콜라보레이션(라거펠트, 마돈나, 꼼데가르송, 베르사체, 그리고 가장 최근에는 데이비드 베컴)과 이들 국가로의 진출이 동시에 일어났다. 카일리 미노그(Kylie Minogue)와 협업했었고, 'H&M을 호주로(Bring H&M to Australia)'라는 페이스북 탄원이 있음에도 불구하고 호주시장에는 아직 진출하지 못하였다.

홈페이지(www.hm.com)는 각 나라에서 개별적으로 수정되고 있다. 의복이 매우 보수적이고 수수한 사우디아라비아와 같은 시장에서는 더욱 그러하다. 상하이 디자이너 루루 한(Lulu Han)과 같이 H&M의 현지 팀원으로 참여한 디자이너들과 함께 제작한 다수의 짧은 영상들을 TV로 방영한다.

브라질 모델 지젤 번천의 H&M 2011 S/S 캠페인은 표준화된 글로벌 캠페인으로, 브라질 진출과 동시에 진행되었다. 그러나 중동시장의 경우 이 광고 이미지는 외압으로 인해 에어브러시나 포토샵으로 수정되어야 함을 캠페인(2011년 3월 21일자)이 언급하였다. 중동 지역에서는 노출된 부분에 티셔츠가 입혀졌다.

그림 9.1 다른 시장에서 사용하기 위한 광고 이미지

〈그림 9.1〉에서 왼쪽은 프랑스에서 사용된 잡지 표지로 중동 지역에서 받아들여지기 위해 디지털 기법으로 수정되었다. 이는 유명인과 한 장의 사진을 경제적으로 유용하게 사용함을 보여준다.

국제 마케팅의 전반적인 고려 사항들

프랜차이즈 파트너들은 일반적으로 대행사들과 현지 접촉에 유용하다. 최근 몇 년간 대다수의 대규모 미디어 대행사들은 경제적·규제적 조건과 기회를 이해하기 위해서 지역 광고 대행사를 인수하거나 설립하였다.

해외시장 커뮤니케이션 채널

개발도상국에서는 TV, 라디오, 영화관, 보도자료가 종종 국가에 의해 통제된다. 이는 미디어 채널 선택과 창의적 연출의 허용 여부에 영향을 준다.

유명인 후원은 해외시장에서 적응화에 대한 명백한 예이다. 나이키는 각 시장에서 친숙한 유명인을 선정하는 대표적인 기업들 중 하나이다.

간접광고(PPL)는 나라별로 다르게 규제되고 있다. 2011년부터 영국은 TV 프로그램에서 명확하기만 하면 간접광고를 허용하였다. 그러나 외국이나 개발도상국에서 간접광고가 항상 가능한 것은 아니다.

국제 캠페인의 목표

캠페인은 새로운 시장에 브랜드를 소개하기, 세간의 주목을 받는 브랜드를 지키기, 부정적인 여론에 대응하기와 같은 시나리오 중 하나를 선택할 수 있다.

국내시장에서는 브랜드가 표적 고객을 위해 설립되고 고객도 그것을 알고 있다. 그러나 해외시장에 진입할 때는 새로운 고객의 주의를 환기시켜야 할 것이다. 광고, 이벤트, 홍보활동들은 미디어, 패션 스타일리스트, 소비자들을 사로잡아야 한다. 탑샵이 뉴욕에 진출하였을 때 탑샵의 제품을 뉴욕 소비자에게 알리기 위해 많은 시간과 노력을 들였다.

진입 전략의 본질에 따라 브랜드는 시장에서 큰 존재감 없이 작은 점포나 백화점 내부의 영업 지역에서 시작할 수 있다. 이와 반대로 브랜드는 많은 수의 점포와 전국적인 영향력, 자국 시장에서 소비자의 이해를 얻을 수 있다. 패션 언론보도는 초기 진입 단계 이후에 권장된다.

국내시장에서처럼, 브랜드들은 어떠한 부정적인 여론에도 빠르게 대응하도록 주의를 기울여야 한다. 현지 파트너는 이를 용이하게 하는 데 중요한 역할을 한다. 시전(Cision)은 150개국 이상의 지역에서 현지인에 의해 운영되는 범세계적인 PR 대행사로, 커뮤니케이션에 영향을 줄 수 있는 문화적 요인들에 대해 조언해줄 수 있다.

그러나 여전히 캠페인에 의한 실수는 발생된다. 프로보카퇴르(Provocateur) 대행사는 중동 지역 상업도시인 두바이와 두바이 인근 지역 중 훨씬 더 보수적인 샤르자에서 최근 윈도 디스플레이에 대한 많은 항의를 받았다. 2008년 샤르자에서 통과시킨 품위법(decency laws)에 의하면 마네킹은 머리가 없어야 하며, '적절한 (decent)' 옷을 착용하고 있어야 한다. 그런데 이 대행사는 얼굴이 있는 마네킹에 란제리를 입혀 윈도를 선보였다. 이러한 부정적인 여론 때문에 프로보카퇴르 대행사는 중동지역 시장에서 이벤트에 대한 호의적인 언론 보도를 조장함으로써 대중의 지지를 얻고자 노력해왔다.

디지털 시대의 국제 커뮤니케이션은 여전히 주의 깊은 사고가 요구된다. 인터넷을 통해 입소문으로 혹은 범세계적으로 무엇이든지 가능하지만, 문화적 제약은 여전하다.

요약

이 장은 해외시장으로 진출하려는 패션기업에 영향을 미치는 요인에 대해 설명하였다. 다양한 국제 규제 체제에 대해 논의하였고, 문화적 · 소비자적 · 기후적 제약의 예를 제시하였다.

패션시장이나 패션산업이 '세계화'로 자주 불리지만, 많은 시장은 발전 단계, 인구통계학적 특성, 소득, 소비자 민감도에 따라 명백한 차이가 있다. 패션시장은 종종 마케팅 커뮤니케이션의 적응화가 필요하다.

참고문헌

Copley, P. (2004) *Marketing Communications Management: Concepts and Theories, Cases and Practices*, Elsevier/Butterworth Heinemann, Oxford.

Mueller, B. (1995) *International Advertising: Communicating Across Cultures*, Wadsworth Publishing Company. Belmont, CA.

학습활동

바레인 사례 연구를 보고 다음 활동들을 수행해본다.

1. 바레인에 진입하는 새로운 패션 브랜드로서, 그 회사의 진입을 알리는 캠페인을 디

자인한다. 이 장에서 소개한 5Cs를 고려한다.

2. 어떠한 문화적 장벽이나 규제가 바레인에 직면하였는가?
3. 이미 영국과 거래하고 있는 패션 브랜드가 바레인에서 진행할 수 있는 1년간의 프로모션 계획을 디자인한다.
4. 어떠한 유형의 이벤트가 바레인을 후원(스폰서, 후원업체, 광고주)할 것으로 보이는가?
5. 본인의 프로모션 활동 결과의 유효성을 어떻게 평가할 것인가?
6. 본인의 프로모션 전략을 알리기 위해 마케팅 믹스의 다른 어떤 관점을 고려할 필요가 있는가?

사례 연구 바레인

바레인 왕국은 120만 명의 인구를 가진 상대적으로 작은 섬나라로, 의회의 대다수를 구성하고 있는 알 할리파(Al Khalifa) 왕가에 의해 지배되는 공국이다. 바레인은 석유 자원과 진주 생산을 기반으로 현재 중동 지역의 다른 나라들보다 빠르게 성장하는 주요 금융 중심지이며, 인근 아랍 국가들보다 더 개방적이다.

800만 관광객이 해마다 바레인을 방문하는데, 대다수가 아랍 국가 주민들이지만 그 이외 지역의 방문자들도 증가하고 있다. 이는 바레인이 사회기반시설, 병원, 예술과 문화, 소매업, 포뮬러 원(Formula One)과 같은 월드 클래식 이벤트에 대한 투자 때문이다.

바레인은 스스로 '비즈니스 친화적이고', '걸프 지역의 현람함'을 지녔으며 '진품의' 아랍 문화를 지닌 근대 국가로 부른다. 인구의 약 80%가 이슬람교도인 만큼 이슬람 종교가 지배적이다. 하지만 기독교나 유대교를 포함한 다른 종교를 믿는 사람도 약간 있다. 금요일과 토요일이 주말이다. 라마단과 같은 종교적 축제를 포함하여 몇 개의 공휴일이 있다. 아랍어가 토착 언어이지만 영어가 널리 사용된다. 인구통계학적 지표는 인구의 51만 7,000명이 인도, 필리핀, 스리랑카로부터 온 이주 노동자들임을 나타낸다. 바레인 여성의 거의 90%는 직업이 없다. 1999년에 여성에게 투표권이 주어졌으며 여성 노동인구가 계속 증가하고 있다. 바레인 시장의 매력적인 특성 중 하나는 면세가 되는 쇼핑 환경이다.

바레인에서 직접적인 내부투자는 불가능하다. 이 시장에 진출하는 모든 해외 기업은 현지 파트너가 있어야 한다. 프랜차이즈 형태는 유통을 용이하게 하고자 자주 채택된다. 현지 프랜차이즈 파트너의 이점은 가맹점 영업권 제공회사(franchisor)를 대신하여 프로모션 목적을 달성하도록 도와준다. 국제적인 캠페인을 진행할 때도 이슬람의 문화적 규제를 준수하기 때문에 현지 파트너가 더 적합하다. 또한 이들은 현지에서 최상의 소매 입지와 쇼핑몰에 대한 지식을 지녔다. 국제 패션 기업을 대신하여 운영되는 주요 파트너로 알샤야(Alshaya), 알하와즈(Al Hawaj), 자와드(Jawad)가 있다.

(계속)

바레인에서 패션, 미용, 라이프 스타일에 대한 프로모션 기회는 다음을 포함한다.

- 국영 TV와 라디오
- 잡지 : **바레인 컨피덴셜**(Bahrain Confidential), **샤우트 컨피덴셜**(Shout Confidential, 바레인 컨피덴셜의 어린 계층을 위한 버전), **그라치아** 중동 지역 판, **패션 바레인**(Fashion Bahrain), **우먼**(Woman), **Ohlala!**, **Areej**
- **걸프 인사이더**(Gulf Insider, 남성잡지)
- 신문 : **걸프 뉴스**(Gulf News, 라이프 스타일 증보판을 포함한 주요 전국지)
- 옥외 광고판 : 길가와 가로등 기둥에 많은 옥외 광고 기회
- 판매 촉진 : 할인과 혜택, 쇼핑 축제와 특별한 행사들

바레인에서 홍보는 상대적으로 새로운 잡지나 이벤트를 기본으로 한다. 직접 마케팅은 우편물이 잘 전달되지 않아 선호하지 않지만, 문자와 이메일은 매우 중요한 채널이다. 그러나 인터넷과 소셜미디어는 정부에 의해 접속이 통제되기 때문에 다른 나라에서와 같이 널리 사용되지는 않는다.

해외 브랜드 소유주는 레디 메이드(ready made) 미술작품들과 커뮤니케이션 프로그램을 프랜차이즈 파트너인 알 하와즈에게 보냈다. 알 하와즈는 현지 지식을 바탕으로 커뮤니케이션을 해석하고, 이들이 소유한 현지 미디어회사는 이를 수정한다. 커뮤니케이션 예산의 상당한 양은 Three Hot Days(7월에 있는 3일간의 빅 세일기간), 주얼리 아라비아(Jewellery Arabia, 국제 보석 전시회), 이드(Eid, 라마단 이후 3일간의 축제)와 같은 주요 이벤트에 사용된다. 그 외 '로열 룰러의 날(Royal Ruler's Day)', 쇼핑 페스티벌, 종교 휴일과 관련된 이벤트가 있다.

커뮤니케이션 캠페인을 개발할 때 반드시 고려해야 할 점은 회사가 영국에서처럼 복잡한 데이터를 갖고 있지 않기 때문에 정확한 타기팅과 마켓 포지셔닝 과정이 어렵다는 것이다. 커뮤니케이션 채널 선택이라는 관점에서도 큰 차이가 있다. 프린트 미디어 광고는 성장하고 있으나, TV 광고는 동일한 기업이 소유한 두 개의 방송국만 있고 비용 때문에 중요하게 여기지 않는다. 다른 미디어 채널로는 젊은 층을 대상으로 하는 라디오 방송이 있다. 알 하와즈는 강력한 브랜드 인지도를 만드는 작업을 도와주는 자선 재단으로 알려졌다. 알 하와즈에게 가장 효과적인 바레인 미디어 채널은 쇼핑몰 안의 도로시설물(특히 옥외 광고판과 가로등 기둥)이며, 잡지와 같은 다른 매체는 상대적으로 저렴한 편이다. 온라인 광고가 충분히 활용되고 있지 않더라도, 다양한 형태의 디지털 광고가 가능한 소셜 네트워크 사이트는 상당한 잠재력을 지니고 있다. 그러나 온라인 접속은 정부가 통제하고 있다.

바레인 소비자들은 보고, 보여지기를 원한다. 이들은 광고에 매우 솔직하게 반응하고, 브랜드에 반응한다. 광고는 크게 성장해왔는데, 특히 주요 고속도로의 옥외 광고판이 대표적이다. 옥외 광고는 많은 소비자가 선호하는 매체이며, 출판 매체가 그 뒤를 잇는다. 야세르 알 하와즈의 조사에 따르면, 응답자의 65%가 '지나치지' 않는다면 SMS 광고를 좋아한다고 응답하였다. 저렴한 광고로 간주되는 전단지나 광고성 대량 메일은 선호하지 않는다. 응답자들은 또한 온라인 광고는 바레인에서 아직까지 많이 사용되지 않는다고 생각한다. 이들은 럭셔리 제품 광고를 좋아하며, 엔터테인먼트의 형태로 볼 수 있는 홍보물에 관심이 많은 것으로 나타났다.

사례 연구에 포함된 내용은 야세르 알 하와즈(2010)가 맨체스터 메트로폴리탄대학교에 제출한 학위 논문을 바탕으로 수업 내 토론 활동에 적합하게 수정되었다.

10
광고 규제

어떤 광고는 일부 사람들에게 거슬릴 수 있고, 시대를 거스를 수 있다.

— 익명

패션과 같은 산업은 이미지 기반의 프로모션 기술 때문에
너무 소송이 많이 발생한다.

이 장에서는

- 패션 마케팅 커뮤니케이션에 적용되는 광고 규제를 설명한다.
- 패션 프로모션 규제에 중점을 둔 주요 문제를 서술한다.
- 소비자의 역할과 규제 기관을 설명한다.
- 정밀 조사를 받는 커뮤니케이션 캠페인의 사례를 제시한다.

서론

패션업계의 광고는 나체(nudity)나 성행위(sexuality) 및 성적 성향(sexual orientation)을 보여주면서 장난을 치거나 충격을 주어 논쟁거리가 되고 있다. 이것은 갈수록 포화상태가 되고 경쟁이 치열해지는 패션 소매 환경에서 눈에 띄기 위한 수단이 되었다.

때때로 패션기업들이 가까스로 수용가능한 광고를 하는 것도 놀랍지는 않다. 하지만 광고는 최근 문화적 관심사를 반영하며 주제에 대한 건전한 논쟁을 제안할 수 있다.

영국에는 광고표준위원회(ASA)에 의해 관리되는 자기규제체제(self-regulatory framework)가 있다. 이는 법적으로 오해할만한 광고 내용이나 인종차별 또는 성차별 이미지나 언어 등을 다룰지라도 법률을 기반으로 하기보다는 오히려 광고규정을 기반으로 하고 있다. '자기규제'(self-regulation)는 대체로 광고에서 어떤 사람들이 노출되는지 기업이나 대중이 감시하도록 되어 있다. 광고표준위원회의 행동 강령에 의하면 모든 광고는 합법적이고, 품위 있고, 정직하고, 진실되어야 한다.

광고표준위원회는 다음과 같은 매체의 광고를 다룬다.

- **인쇄매체**(잡지, 신문)
- **방송 매체**(TV, 라디오, 영화)
- **판매 촉진**(광고용 우편물, 이메일, SMS 문자)
- **인터넷**(점점 더 항의가 증가는 분야)

제품에 대한 허위 내용이 있을 때 소비자를 보호하기 위한 교역품명시법(Trade Descriptions Act)과 같은 명확한 법적 규제가 있다. 그러나 개인이나 집단의 위법 행위를 자극하는 광고로부터 소비자를 보호하기 위한 구체적인 법적 규제는 없다.

광고가 일반적인 도덕적 · 사회적 · 문화적 기준에서 벗어나 심각한 범죄를 일으키거나, 인종, 종교, 성, 성적 성향 및 장애를 포함하여 대중의 기분을 상하게 해서는 안 된다(광고표준위원회). 특히 많은 패션기업은 자신들을 창의적이고 예술적인 기업으로 보기 때문에, 광고 규제는 주관적이면서 어려운 분야로 보일 수 있다.

자기규제 역할

광고표준위원회는 광고가 즐거움과 정보를 제공할 것을 명시한다. 그렇기 때문에 광고는 대중이 불쾌하거나 오해하지 않도록 해야 한다. 특히 광고는 사회의 젊은층, 취약 계층, 교육수준이 낮은 사람들을 보호해야 한다.

그러므로 광고와 관련된 단 하나의 소송이라도 조사하게 된다. 이는 불쾌한 광고를 본 사회 구성원(개인이나 기관의 구성원)이 이것을 알릴 권리가 있음을 의미하기도 한다. 광고표준위원회는 연평균 2만 6,000건의 항의를 접수받고 그중 약 10%는 광고표준위원회도 그 광고들이 받아들일 수 없음을 '인정'한다.

광고 항의를 심의하는 광고표준위원회의 패널들은 광고 전문가와 비전문가로 구성된다. 광고표준위원회의 재정은 모든 광고에 부과되는 세금으로 지원받는다. 즉 광고표준위원회가 역할을 수행하도록 정부의 재정 지원이 아닌 광고 비용의 0.1%가 직접적으로 지원된다.

광고표준위원회에게는 광고 규정을 변경하거나 갱신해야 하는 아주 중요한 문제들이 종종 있다. 광고표준위원회는 의회 제정 규정을 통한 법적 체제보다 사회적 변화에 대응하고 프로모션 기술의 변화에 따라 훨씬 더 빠르게 조정할 수 있다.

광고표준위원회에서 금지되어 온 광고 사례들을 포괄적으로 보여주는 웹사이트가 있다. 광고표준위원회 판결은 산업 부문에서 검색할 수 있다.

패션산업의 최대 관심사

최근 패션산업과 관련된 최대 관심사들을 알아보자. 지속적으로 소송에 대응하는 과정에서 새로운 지침이 개발되어 왔다. 많은 경우에, 광고표준위원회는 소비자 불만과 산업의 경쟁적 마케팅 접근에 대응하면서 지속적으로 지침을 개발하고 있다.

화장, 얼굴과 신체 수정

광고 촬영 후 에어브러시로 사진을 수정하는 기술인 '디지털 수정 작업(digital enhancement)'은 많은 불만을 야기시키고 있다. 노화방지크림 광고에서 모델의 잔주름을 제거하는 작업은 현재 금지되어 있다. 사진의 '전(before)'과 '후(after)'는 수정하여 보완되지 말아야 한다. 모발의 윤기를 강조하는 헤어 제품의 경우 사진에 하이라이트를 추가하는 것도 허락되지 않는다. 모델을 더 말라 보이게 하는 에어브러싱 기술도 여전히 논쟁이 되고 있다. 무책임하고 오해 소지가 있는 이미지 수정은 논쟁을 피할 수 없다.

만약 모델 사진에 속눈썹이 붙여지고 붙임머리가 사용되었다면, 광고를 보는 사람들에게 알려야 한다. 또한 광고에 있는 경고문의 글씨 크기나 위치에 대한 항의도 계속 논쟁이 되고 있다.

아동의 성상품화

아동은 16세 이하로 정의되지만, 아동발달 단계에서 문화적 변화를 반영하여 때로는 8세 이하와 14~16세로 분류되기도 한다. 일반적으로 아동은 신체적 · 정신적 · 도덕적 피해를 받지 말아야 한다. 아동은 아직 지적 발달이 부족하기 때문에 광고로부터 피해를 받기 쉽다.

'롤리타 효과(Lolita Effect)'로 알려진 아동의 성상품화는 광고표준위원회가 연구를 의뢰해온 최대 관심 분야로, 광고 규정을 개발하는 데 정통한 분야이다. 광고표준위원회는 고소에 대응하는 동안 규정을 위반한 광고를 금지한다. 최근 "깡마른 것만큼 좋은 취향은 없다(nothing tastes as good as skinny feels)."라는 슬로건이 적힌 소녀 티셔츠 사례가 있다[2011 8월 재즐(Zazzle, Inc.)에 대한 광고표준위원회의 판결 참조].

사이즈 제로

광고에서 미성년자나 저체중 모델의 의도적인 사용과 에어브러싱에 대한 항의는 계속되고 있다. 이것은 젊은 여성(그리고 젊은 남성도 지속적으로 증가함)에게 정상 체형에 대한 잘못된 생각을 준다는 것이다.

이러한 의견에 대해 패션산업은 입장을 표명하고자 노력해왔고 모델의 연령과 체질량지수(Body Mass Index, BMI)에 대해 특별한 자기규제를 해왔다. 그러나 디자이너가 지식도 없이 과시용으로 자진해서 만든 규정에 대한 많은 사례가 있다. 다이앤 본 퍼스텐버그(Diane Von Furstenberg)는 패션쇼에서 16세 이하의 모델을 세우는 것을 규제하였는데, 한 모델이 14세이었던 것이 매체를 통해 밝혀졌다.

광고표준위원회의 회장 로드 스미스(Lord Smith)는 다음과 같이 언급하였다. "미디어를 잘 알고 민감한 요즘 젊은이들이 매일같이 맞닥뜨리는 광고에 어떻게 열광하고, 무엇을 수용하고 수용하지 않는지에 대해 강한 인상을 받았다. 우리 일이 얼마나 중요한지를 상기시켜 주었다"(ASA, 2011).

환경적 주장

광고표준위원회는 "녹색 지역이 오히려 회색이다."라고 말하고 있다. 광고에서 환경적 주장은 '그린워싱(greenwashing)'으로도 알려져 있다. 많은 기업이 생산과 유통과정에서 친환경 공정과 같은 그린 자격증을 필요로 하는데, 기업들은 입증할 수 없다. 실제로 대중은 대부분의 주장이 무엇을 의미하는지 모르거나 정보가 부족하다는 것을 지금까지의 많은 증거가 설명해준다.

폭력적 이미지

광고에서 부적절한 폭력을 실제로 혹은 암시적으로 사용하는 것에 대한 소송제기가 지속적으로 증가하고 있다. 광고표준위원회는 광고의 규정을 강화하기 위해 세미나와 조사를 진행해왔다. 특히 패션 광고에서 칼이나 총기의 소유나 사용을 미화하는 폭력적인 이미지를 사용할 때 많은 문제가 제기된다(ASA, 2007).

소송 과정과 진행

광고표준위원회는 특히 기업이나 광고인이 규정을 위반할 수 있다고 생각되면 접근성이 높은 TV와 라디오 광고의 대다수를 '사전에 심의'한다. 이는 종종 제작 이전 단계에서 (비싼 생산 비용을 피하기 위해서) 스토리보드나 대본을 기반으로 이루어진다. 대다수의 경우 이 과정은 간단하다. 광고는 제작되면서 예술적으로 변하기 때문에 왜 그러한 광고가 방영되도록 허가가 났는지 대중은 가끔 의문을 갖게 된다.

다양한 매체의 많은 광고로 인해 광고표준위원회는 안전성을 사전에 심의할 자원이 부족하기 때문에 대중이 규정을 어긴 것으로 보이는 광고에 관심을 갖길 원한다. 지속적으로 규정을 무시하는 기업들의 광고와 프로모션 자료들은 모두 조사받아야 한다. 이것은 지금까지의 위반에 대한 직접적인 결과이다. 패션기업 중 디젤과 돌체앤가바나가 이에 해당된다.

일단 일반인 한 명이 광고나 어떤 형태의 마케팅 커뮤니케이션(온라인, 보도자료, 전화)에 대해 불평을 하게 되면 다음 '판결'들 중의 하나로 결정되는 과정이 시작된다.

- 대응할 이전 사례가 없음
- 비공식적 해결
- 지지하지 않음
- 지지(금지)

소송제기는 익명으로 처리되고, 진행과정에 대한 모든 정보를 제공받는다.

패널은 규정 위반과 관련된 이전 사례의 존재 여부를 결정하는 첫 판결을 요청받는다. 비공식적인 해결 또한 빠르게 진행되는 절차로, 광고주는 항의에 대한 내용을 듣게 된다. 광고주는 규정에 대한 사소한 위반이 많이 발생하면 이에 따라 광고를 수정해야 한다.

만약 한 사례를 조사받게 되면, 광고주와 대행사 및 광고한 매체는 그 고소에 대해 이의를 제기하도록 요청받는다. 대중이 광고표준위원회보다 매체에 더 자주 불평하기 때문에 매체도 이의를 제기하도록 요청받는다. 이것은 고소에 대한 부가적인 증거자료가 된다.

패널들은 (개인적으로 혹은 온라인상으로) 만나서 위반된 규정과 광고 맥락에 대해 논의한다.

예를 들어, 입생로랑 보떼(YSL Beauté, Ltd.)의 오피움(Opium) 향수 광고에는 비스듬히 기댄 나체 모델이 등장한다. 이 광고는 패션 잡지에서는 받아들여지지만, 일반 대중이 보는 거대한 옥외 광고판에서는 금지된다. 이것은 위법이며, 금지 판결은 지지를 받게 된다. 그러나 패션에 초점을 맞춘 특정 잡지의 광고 사례의 경우 판결이 지지되지 않는다.

판결 전달

고소인은 판결에 대해 사전에 통지받지만 미리 발설할 수 없고, 판결문은 매주 수요일에 공개된다.

기자들은 판결 결과를 선택하여 논의한다. 언론 해설가들은 기업의 판결 내용이 무료로 보도되며, 부정적인 보도라 하더라도 홍보 효과가 될 수 있다고 지적한다. 이러한 광고는 결코 널리 주목받지는 못하지만 기업들은 의도적으로 공격적인 광고를 만들고 충격 전술을 사용하여 무료로 홍보하고자 한다. 금지된 광고를 통해 자연스럽게 홍보 효과를 얻으려는 것에 대해서 치열하게 논쟁이 되고 있다.

그러나 광고표준위원회는 판결 결과가 부정적인 영향을 미칠 수 있다고 지적하였다. 광고 규제를 끊임없이 위반한 기업은 추후 모든 광고에서 사전 심의를 받아야 함을 의미한다. 협회는 그러한 광고를 하는 매체에 대해서도 부정적인 태도를 갖게 된다. 기업은 이러한 광고를 제작한 대행사를 거래업체 목록에서 삭제할 수도 있다. 그리고 대중은 부정적인 판결을 기억할 것이다.

국제적 고려 사항

많은 기업은 글로벌 유통환경에 있다. 중앙부서가 규모의 경제를 위해 홍보물을 제작할 때 통합된 캠페인과 표준화를 사용하게 되면 국내에서는 문제가 되지 않을지라도 국제적으로 소송이 야기될 수도 있다.

따라서 기업은 국제적인 민감도를 고려해야 한다. 이를 위해 버버리는 런던 크리에이티브팀에 다양한 국적의 직원들을 고용하였다. 예를 들면 데븐햄스(Debenhams) 백화점은 독일 시장 진출을 위해 독일어를 하는 마케팅 실무자를 최근에 고용하였다. 직무의 일부는 문화적 차이를 해석하기 위한 것이다. 중동 지역과 같이 문화적으로 민감한 시장의 프랜차이즈 파트너는 지역을 대표하여 기업에게 조언을 해준다.

문제가 존재할 때

광고 대행사는 광고 규정에 대해 매우 잘 알고 있다. 대다수의 문제는 광고 제작팀이 대행사의 조언 없이 유명한 사진작가와 작업을 할 때(예 : 회사나 매체를 위한 패션광고 촬영) 발생한다. 마리오 테스티노(Mario Testino)는 1980년대에 많은 공격을 받은 베네통 광고로 유명해졌고, 오늘날까지 충격적인 광고기법에 대해 논란이 있을 때마다 언급되곤 한다.

패션기업은 광고를 제작할 때나 광고 규정을 위반하여 광고표준위원회로부터 정밀조사를 받을 경우 도움을 얻기 위해 대행사를 고용한다.

그러나 어느 정도 수준까지 광고가 사회를 반영하고, 사회정치적 영향을 기록하기 위해 어느 정도까지 제작을 허용해야 하는지에 대해 많은 논쟁이 일고 있다. 이것은 어떤 작품들에 대해 공공전시가 금지되었던 과거의 예술운동(art movement)에 대한 논쟁과 유사하다.

영국의 광고는 창의적이고 역설적이며 상징적이고 해학적이고 재미있는 것으로 유명하며 국제적인 상도 많이 받았다. 부적절한 광고에 대응하기 위한 좀 더 구체적인 법안 제정을 위해 가끔 의회에 요청하지만, 자기규제 과정은 현재 매우 잘 진행되고 있는 것으로 보인다.

요약

이 장은 패션 마케팅 커뮤니케이션에서 자기규제의 역할과 권한에 대해 설명하였다. 소송 처리 과정과 해결방안도 설명하였다. 국제적 관점에서의 규제 체제는 제9장에서 자세히 논의되었다.

참고문헌

ASA, www.asa.org.uk.

ASA (2007) *Advertising and Young People*, June 2007.

ASA (2011) *What you looking at? Drawing the line on violence in advertising*, November 2011.

학습활동

1. 광고표준위원회에 대해 알아본다.
2. 광고에 대해 항의해보고 그 처리과정과 최종 판결을 조사해본다.
3. 광고표준위원회의 최대 관심 리스트에서 안건에 대해 논의해본다.
4. 금지된 광고를 이용한 자유 홍보에 대해 토론해본다.
5. '광고 규제는 창의성을 억압하는가?'에 대해 토론해본다.

11
패션 마케팅 커뮤니케이션의 효과 평가

나는 광고 예산의 절반이 낭비되는 것을 알고 있지만,
어느 부분이 절반에 해당되는지는 모른다.

이 장에서는

- 프로모션 캠페인 효과가 어떻게 측정될 수 있는지 검토한다.
- 산업 전문가들이 고수해온 양적 측정변수와 질적 측정변수의 사용방법에 대해 논의한다.

서론

브랜드는 경쟁적인 리테일 환경에 직면해 있다. 패션 마케팅 커뮤니케이션 관점에서 기업의 창의적인 캠페인이 매출 증대나 소비자 태도 변화, 새 브랜드 런칭 혹은 기존 브랜드 이미지 강화라는 목적을 어떻게 달성하는지 증거를 원하는 것은 당연하다. 하지만 효과를 측정하기는 매우 어렵다.

광고 효과가 그 광고를 본 몇 명의 사람들에 의해 측정될 수 있다면 간단할 것이다. 그러나 광고가 그들과 상관없을 수도 있고, 맥락을 기억하지 못하거나 메시지를 차단할 수도 있다. 이를 '선택적 지각(selective perception)'이라 한다. 소비자는 옥외 광고판이나 포스터, 디지털 광고판을 지나가고 잡지나 신문을 펼쳐 보지만, 매체의 메시지가 마치 일상생활 잡음인 것처럼 맥락이나 메시지를 여전히 기억하지 못한다. 마케터의 도전은 광고 메시지와 브랜드 이름을 소비자의 의식 속에 각인시키는 것이다. 이를 규명하기 위해 노력하는 방법 중 하나가 캠페인 효과를 측정하는 것이다.

광고 효과는 브랜드 인지도를 높이거나, 브랜드 전환을 용이하게 하거나, 새로운 패션 범위를 알리거나, 최종 성장 지표인 매출 증대와 같은 측정가능한 결과물 등 다양한 형태를 취한다. 투자수익률(ROI)은 일정기간 동안 매출 성장으로 측정할 수 있다. 그러나 어떤 캠페인은 단지 프로모션 기간에만 매출이 성장하기도 한다. 1년 넘게 동일한 수량의 제품이 평상시대로 판매될 수 있다. 그렇지만 만약 캠페인의 목표가 소비자 마음속에 브랜드를 리포지셔닝하거나 브랜드의 인지도를 바꾸는 것이라면 무엇을 할 것인가? 이럴 경우 캠페인의 효과가 유지되는지, 아니면 단지 캠페인 기간에만 지속되는지를 알기 위해 좀 더 장기적으로 추적 조사를 해야 한다.

광고의 효과를 평가하는 것은 매우 어렵다. 게다가 많은 사람은 광고가 자신에게 영향을 준다는 사실을 인정하기 꺼려한다. 그러나 광고와 프로모션 캠페인에 매일 수백만 파운드가 사용되고 있다.

유튜브에는 일반인들이 볼 수 있는 다양한 종류의 광고가 있다. 예를 들어 흥미로운 클래식 광고로 알려진 리바이스 광고 '빨래방'은 유머, 음악, 향수 그리고 젊은 남자 모델의 조합으로 아마 가장 인기가 있을 것이다. 접속이 가능한 다른 광고들 또한 대중은 광고의 오락적 요소를 즐기는 것 같다. 따라서 광고는 단지 판매뿐만 아니라 엔터테인먼트까지 포함한다. 이는 상업적-창의적 이분법을 더 복잡하게 만든다.

광고 모델

광고 효과를 이해하기 위해 먼저 광고가 만들어지는 방식을 알아야 한다. 모형은 복잡한 과정을 단순하게 설명한다(런던 지하철의 현실과 지도의 단순함을 비교해서 생각해보라).

광고의 가장 초기 모형 중 하나가 AIDA 모델로, 소비자가 인지 단계에서 구매 단계까지 이동하는 복잡한 과정의 선형 모형이다. 이 모형에서 소비자는 구매를 결정하기 전에 4단계를 거치게 된다.

- **인지** 혹은 **지식**[(Awareness or knowledge, **인식**(cognition)] : 소비자는 커뮤니케이션 캠페인의 하나 이상의 요소(광고, 온라인 커뮤니케이션, 점포 내 프로모션, PR, 옥외 광고)에 의해 브랜드나 제품을 인지하게 된다.
- **흥미**[Interest, **감정**(affect)] : 소비자는 자신들이 보거나 들은 것에 대해 긍정적으로 반응하며 좋아한다.
- **욕구**(Desire) : 소비자는 제품을 시도해보거나 구매하기를 원한다.
- **행동**(Action) : 소비자가 구매의도를 보인다.

이러한 유형의 모델이 지닌 주요 문제점 중 하나는 어떻게 소비자가 인지 단계에서 행동 단계로 움직이고, 무엇이 이러한 행동에 영향을 주는지를 이해하려는 것이다. 광고나 프로모션 메시지는 창의적인 과정을 통해 일반적으로 부호화된다. 소비자가 이를 어떻게 해독(decode)하는지는 교과서에서 배운 것과 다를 수도 있다. 광고에 대한 대중의 반응은 호감 단계일 수 있지만, 제품을 구매하기에 충분할 정도로 해독하지 않을 수도 있다.

소비자는 구매행동에 영향을 미치는 기억, 영향력, 욕구로 복잡하게 구성되어 있다. 사례 연구는 사건의 연속을 보여주며, 어떤 관찰자에게는 소비행동이 기이하고 일반적인 구매행동을 따르지 않는 것으로 보일 수 있다.

캠페인 목적에 대한 캠페인 효과 측정

기업은 대행사나 내부 기관과 동의가 된 성취할 수 있는 캠페인의 목표를 가져야 한다(제2장 참조). 캠페인 목표 달성 이상이 가능할 것으로 기대하는 것 자체가 비합리적이다. 성취할 수 있는 캠페인 목적은 다음과 같이 현실적이며 구체적이어야 한다.

- 고객 수 증가
- 평균 지출 증가
- 특정 범위의 매출 증대(예 : 비용)
- 브랜드 이미지 향상
- 브랜드 이미지 강화
- 신규 브랜드나 하위 브랜드 소개
- 브랜드의 리포지셔닝

어떤 캠페인도 이러한 목표를 모두 가질 필요는 없다.

소비자의 지각 변화를 겨냥한 캠페인은 다음과 같은 목표를 포함해야 한다.

- 패션에 대한 신임을 확인
- 스키웨어 시장에서 소비자 마음에 제일 먼저 각인
- 다양한 소비자를 유인

모든 캠페인은 시작 전과 후에 조사가 뒷받침되어야 한다. 조사는 기업에게 허용가능한 인적 자원 및 재정 자원, 캠페인 제작에 요구되는 속도에 따라 지속적으로 혹은 수시로 진행될 수 있다.

조사는 2차 자료를 통해 진행될 수 있는데, 전문기관에 의해 출판된 시장 보고서[예 : 베르딕트(Verdict)와 민텔(Mintel)]나, 관련 산업 정보와 소비자 태도에 대해 쉽고 빠른 접근이 가능한 무역 잡지[예 : 드레이퍼스(Drapers)] 등이 있다. 1차 조사로 알려진 현장 연구를 통해 더 심층적으로 조사할 수 있다. 조사는 다음과 같은 기관의 유형에 따라 수행될 수 있다.

- 사외 자문기관(민텔과 베르딕트)
- 내부 조사 기관(브랜드 자체 마케팅 부서)
- 광고 대행사[종종 '통찰(insight)'이라 불리는 부서]

사전 조사

사전 조사는 패션 브랜드의 전체 회계 감사를 포함하며, SWOT 분석이 유용하다. 소비자의 브랜드 지각은 취약한 부분이므로 수집 · 분석되어야 한다. 조사를 통해 측정 가능하고 성취가능한 결과를 지닌 캠페인이 만들어진다.

브랜드는 광고 대행사와 계약하기 전에 기업이 무엇을 원하는지 명확한 아이디어를 얻기 위해 조사할 필요가 있다. 그렇지 않으면 대행사에게 제공하는 업무 지침서가 허술할 수 있으며, 목표를 달성하기가 어려울 것이다.

진행 중 조사

캠페인이 진행되는 동안 결과에 대한 '짤막한 조사(snapshot research)'를 한다. 브랜드는 이러한 조사를 통해 캠페인이 표적시장에 어떻게 도달하는지 이해하고, 전략을 변경할 수 있다. 잡지 광고를 늘리고 TV 광고를 줄일 수도 있다. 만약 블로그나 채팅룸, 배너 광고를 이용한 바이럴 마케팅이 효과가 있다면 디지털 기반의 광고가 매우 빠르게 영향을 미친다는 것으로, 캠페인 목표를 디지털 플랫폼 사용 증가로 변경할 수 있다.

사후 조사

캠페인 진행 후에 하는 사후 조사는 캠페인 시작 단계에서 결정한 목표의 달성에 대한 결과를 측정하기 위해서이다. 조사 결과는 향후 전략 수립이나 캠페인 여세가 유지될 수 있는지 결정하기 위해 사용된다. 브랜드가 다양한 매체에서 지속적으로 보여지는 것이 중요하며, 이렇게 생긴 관심은 새로운 브랜드가 등장하거나 경쟁사의 프로모션 활동이 증가하면서 점점 줄어들거나 사라질 것이다.

전통적인 매체의 캠페인 효과 평가

전통적인 매체의 효과를 측정하는 방법으로 보도량(보거나 듣는 기회), 회상, 브랜드 인지도를 기본으로 한다. 긍정적인 결과가 반드시 구매 의도로 전환되지는 않는다. 게다가 광고 효과가 지출 증가로 바뀌지도 않는다. 회상은 특히 브랜드에 대한 기억, 태도, 지각의 관점에서 소비자 행동에 영향을 주는 것으로 보도되고 있다.

먼저 효과 측정에 기여해온 산업 기관 전문가들이 사용하는 양적 조사 접근법이 있다. 시청률(TV), 청취율(라디오), 입장료(영화), 발행부수(신문과 잡지) 등 매체별 구체적인 데이터를 수집하는 독립적인 전문 기관도 상당수 있다. 영국의 기관은 다음과 같다.

- **시청률 조사기관**(Broadcasters' Audience Research Board, BARB, www.barb.co.uk) : 이 기관은 특정 프로그램의 시청자 수를 수집한다. 민영 텔레비전 채널(광고가 허용됨)의 대표 프로그램은 리얼리티 TV 쇼, 연속극(드라마), 스포츠, 영화 프로그램이다.
- **라디오 청취율 공동조사기관**(Radio Joint Audience Research, RAJAR, www.rajar.co.uk) : 이 기관은 민영 라디오국의 청취자 수에 대한 데이터를 수집한다.
- **영화 배급협회**(Film Distributors' Association, FDA, www.launchingfilms.com) : 이 기관은 영화 관객 수에 대한 데이터를 수집한다.
- **발행부수 공사기구**(Audit Bureau of Circulations, ABC) : 이 기관은 일간, 주간, 월간 출판물의 발행부수 데이터를 수집한다.

이러한 기관의 공통점은 광고주들이 표적시장을 확인하고 청중의 보고 듣는 습관을 이해함으로써 브랜드를 알리기에 가장 효과적인 매체를 파악할 수 있도록 도와준다는 것이다. 결과적으로 광고 비용은 청중의 규모나 캠페인의 잠재적 도달률과 상관이 있다.

예를 들어 엑스 팩터(The X Factor)는 일주일에 약 1,200만 명의 청중을 끌어들인다. 넥스트(NEXT)는 F/W 캠페인을 시작하기 위해 광고를 해왔는데, 황금시간대의 TV 광고 비용은 매우 높기 때문에 30초 동안 단 한 벌의 코트만을 보여준다. 만약 시청자가 온라인으로 엑스 팩터를 시청하게 되면, 넥스트(NEXT)는 남성복과 아동복을 포함한 몇 벌의 코트 디자인을 3분 광고에 노출시킬 수 있다. 지역적인 편차는 데이터로 파악할 수 있다. 과거 매출이 점진적으로 증가하던 북쪽 지역에 넥스트(NEXT) 광고를 집중적으로 보여주면서 이러한 방식을 효과적으로 사용해왔다.

시청률, 청취율, 발행부수 수치는 전문 기관이 양적 방법을 통해 진행 중인 데이터를 수집한 2차 자료로, 사람의 수에 대한 정보이다. 이러한 데이터는 선정된 표적시장에서 가장 효과적인 매체 유형을 찾아 매체를 결정하는 데 도움이 된다.

영화관 표적화

제2장에서 논의한 것과 같이, 특정 영화의 관람객은 연령이나 관심이 유사한 동질적인 성향을 보인다. 따라서 일반적인 가족 시청 보다 더 구체적으로 광고를 표적화할 수 있다. 예를 들어 악마는 프라다를 입는다와 같은 영화는 패션, 미용, 향수 광고가 압도적이다. 샤넬이 영화의 주요 주제인 것처럼 영화와 샤넬 간의 명백한 공생관계를 보여주고 있다.

대중매체의 포화상태와 소비자의 피로도는 종이 한 장 차이이다. 막스 앤 스펜서(M&S)는 광고 캠페인 여세를 유지하기 위해 새로운 셀리브리티를 지속적으로 추가하고 있다.

신문과 잡지의 표적화

신문과 잡지는 표적 대상이 명확하며, 광고도 마찬가지이다. 럭셔리 브랜드는 주간으로 발간되는 담화성 잡지나 가십성 잡지에 관련 기사를 허가하지 않지만, 럭셔리 브랜드를 착용한 유명인의 스냅사진들은 종종 보여진다(그리고 그 브랜드는 통제할 수 없다).

파이낸셜 타임스(Financial Times)와 같은 일반 신문의 광고나 프로모션 기사는 타블로이드 신문 기사와는 매우 다르다.

그라치아(Grazia)는 하이스트리트에서 럭셔리 브랜드를 만날 수 있는 가장 대표적인 잡지 중 하나이다.

일반적으로 신문, 특히 일간 신문의 발행부수가 감소하고 있는데, 이는 신문을 읽을 시간이 점차 부족해지고 인터넷에서 기사를 즉시 찾아볼 수 있는 요인들 때문이다. 그러나 발행부수의 수치는 광고비율을 결정한다. 잡지는 한 사람 이상에게 한 번 이상 읽히는 것으로 알려져 있고, 그래서 독자의 수가 더 중요하다. 잡지는 평균 2.3회 보게 된다.

질적 조사

질적 조사는 숫자(시청률, 볼 기회, 발행부수 등)가 아닌 소비자의 태도나 행동을 연구하는 것이다. '얼마나 많이'보다는 소비자가 '어떤' 의견과 태도를 지니고 있는지를 찾는 것이다. 질적 조사는 캠페인 이전에 브랜드에 대한 소비자 지각 수준을 밝히고 구매 설득을 위한 태도 변화의 필요 여부를 규명하기 위해 혹은 커뮤니케이션 캠페인 이후 소비자의 태도 변화를 파악하기 위한 효율적인 방법이다.

질적 조사 방법으로는 관찰법, 표적 집단 토의법, 심층 면접법이 있다. 이러한 방법들은 소비자가 자신의 언어로 그들의 태도와 신념을 표현하게 한다. 이러한 유형의 조사는 마케터가 잘 모르거나 기존에 고려하지 못한 브랜드에 대한 소비자의 신념을 파악하는 데 유용하다. 효과적인 커뮤니케이션 캠페인을 위해서는 캠페인 시작 단계에 소비자의 견해를 파악할 필요가 있다.

영화

영화 관객을 대상으로 영화를 본 직후 광고의 어떠한 측면을 회상하였는지 파악한다. 광고주에게 광고(일반적으로 TV 광고를 위해 제작됨)의 어느 부분이 가장 기억에 남는지 알려주는 지표를 제공한다.

잡지

잡지를 보는 소비자를 대상으로 이들이 어떻게 잡지를 사용하는지 관찰하고 조사한다. 독자가 잡지의 1/3 부분에 더 집중하는지, 오른쪽 페이지에 더 집중하는지, '문제(matter)'라 불리는 '뉴스거리가 되는(newsworthy)' 스토리 부근 혹은 반대편 광고에 더 집중하는지에 대한 데이터를 제공해준다(잡지의 영향력에 대한 구체적인 정보는 제4장에서 제공된다).

조사를 통해 광고를 어디에 배치할지 결정할 수 있다. 소비자가 광고(혹은 간접광고)를 더 쉽게 받아들인다는 관점에서 잡지의 특정 부분 광고료는 잠재적인 효과를 반영한다.

표적 집단

표적 집단은 비슷한 사고방식과 연령대의 사람들을 5~7명으로 구성한 소그룹으로, 브랜드, 제품, 고객 서비스에 대한 개인과 집단의 생각을 조사하는 방법이다. 일반적으로 표적 집단은 훈련된 진행자에 의해 수행된다. 표적 집단 조사는 프로모션 캠페인 이전, 진행 중 그리고 이후에 브랜드를 어떻게 인지하는지 광고주가 파악할 수 있도록 도와준다.

리바이스는 경쟁사 대비 브랜드가 소비자 마음속에 차지하는 위치를 파악하기 위해 표적 집단을 이용하였다. 또한 리바이스 광고의 파일럿 테스트에도 사용하였다.

심층 면접

심층 면접법은 개방형 질문을 기반으로 소비자와 일대일로 인터뷰하는 기법이다. 조사자는 브랜드에 대한 소비자의 태도나 신념을 도출해내고자 한다. 인터뷰는 소비자의 집이나 조사 기관 사무실에서 진행될 수 있다. 심층 면접은 브랜드에 대한 소비자의 긍정적인 혹은 부정적인 지각의 강도를 밝힐 수 있다. 또한 직접적인 혹은 간접적인 의견을 조사할 수 있다. 간접적인 조사방법 중 하나가 표적 집단이나 개인이 사용하는 단어 연상 테스트이다. 이 조사방법의 목적은 브랜드와 관련된 서술적인 관계를 밝히는 것이다. 여기서 조사된 단어 중 일부는 브랜드 이미지 부호화(encoding)에 사

사례 연구 | **소비자 지각**

오가닉 코튼울을 생산하는 이 기업은 소비자가 표백제나 살충제 등을 사용하지 않고 생산된 천연제품에 관심이 많으며, 영국의 주요 슈퍼마켓에서 이 제품들이 판매가 되고 있음에도 불구하고 매출이 여전히 매우 저조함을 알았다. 기업은 이유를 파악하기 위해 리서치 기관에 의뢰하였다.

표적 집단은 자신이나 아기 피부를 위해 오가닉 제품 구매를 원하는 여성들로 구성하였다. 코튼울에 대해 연상되는 단어는 하얀, 깨끗한, 푹신한, 부드러운과 같은 단어들이 압도적으로 나타났다.

표적 집단에게 오가닉 코튼울 제품을 넣은 불투명한 패키지를 보여주고, 어떤 제품이 있을 것 같은지를 질문하였다. 그러자 응답자의 대다수는 오프 화이트 컬러의 촉감이 거칠 것 같은 제품이라고 대답하였다. 응답자들에게 그 패키지를 열어보게 하였고, 실제로 제품이 흰색의 푹신하고 부드러운 것을 알고 매우 놀랐다. 그 기업은 안을 볼 수 있는 패키지로 바꿨고 매출이 기하급수적으로 상승하였다.

용되기도 한다. 예를 들어 응답자는 브랜드와 연상되는 동물이나 컬러, 형용사에 대한 질문을 받는다.

효과 결정을 위한 다른 방식들

회상 테스트와 재인 테스트

회상과 재인 테스트는 여러 방법이 있으며, 표적 집단이나 개인별로 조사한다. 회상의 정도가 시간이 지나도 동일한지 그리고 (보조 혹은 비보조 회상으로) 즉각적인지 여부를 파악하기 위해 하루 후 회상 측정과 시간 간격을 두고 반복 측정될 수 있다. 회상은 먼저 "최근 어떤 패션 광고에 주목하였는지 말씀해주십시오"와 같은 광범위한 질문으로 시작하고, 그 후 특정 광고에 대한 회상에 집중적으로 질문한다.

재인 테스트는 응답자가 광고를 브랜드 이름 없이 알아보는지 조사하는 것이다. 또한 브랜드 이름이 있는 광고를 보고 특정한 세부 사항을 기억할 수 있는지 질문할 수도 있다.

사례 연구 충동 구매

유행의 첨단을 걷는 프랑스 스키 리조트에서 한 여성이 부티크 매장으로 들어가 검은색 여우털로 장식된 프라다 재킷을 골라 라벨을 확인한 후, 계산대로 가서 1,200유로를 지불하였다. 그녀는 오래된 스키 재킷을 매장에서 폐기해달라 하고 새 재킷을 입고 매장을 떠났다. 이 과정은 10분도 채 걸리지 않았다.

이 사례는 흔치 않은 소비자 행동으로 간주된다. 어떻게 이처럼 빠르고 겉으로 보기에 무작위적인 구매가 내적 · 외적 요인에 의해 영향을 받는지 이해하기 위해 조사자는 소비자로부터 '진술 조서(protocol statement)'를 받아야 한다. 소비자와 인터뷰하면서 구매에 영향을 주는 (기억과 같은) 내적 영향과 (미디어와 같은) 외적 영향을 이해할 수 있다.

다음은 소비자로부터 얻은 진술 조서의 내용이다.

> 스키 파티에서 만난 친구들은 그녀의 오래된 재킷을 보고 지난 며칠 동안 비웃어왔다. 구매하기 전날, 그녀는 시간을 들여 다양한 재킷들을 보고 다소 비싸지만 프라다 제품이 가장 유용하다고 생각했다. 그 재킷은 일반 재킷과 유사한 스타일로, 스키장과 영국의 겨울 날씨에 모두 착용할 수 있을 것 같았다. 게다가 잡지에서 빅토리아 베컴이 비슷한 재킷을 입었었고, 그 제품이 좋았다는 것을 기억했다. 그녀는 '하룻밤 자면서 생각해보고' 그 재킷이 그녀의 여가와 가정, 업무에 완벽하다고 결정을 내렸다. 구매하기 전날 그녀의 아들은 그녀와 부티크에 가서 "와, 엄마 자신에게 한턱 내."라고 말했었다. 그녀는 실제로 새 재킷을 입고 스키를 타는 것보다 리조트 안을 걸어다니는 것이 더 기분 좋았다고 고백했다. 파티에 참석한 친구들 모두 그녀의 재킷을 부러워했다.

구매하는 동안에는 관찰할 수 없지만 영향을 미치는 몇 가지 요인들이 분명히 있다. 소비자의 이러한 유형을 조사하는 것은 비용이 비싸고 시간이 소모되지만, 광고주가 소비자의 마음이 어떻게 움직이는지 이해하고 이러한 영향 요인들을 활용할 수 있는 풍부한 데이터를 제공해준다.

시선 추적 연구

잡지를 훑어볼 때 눈의 움직임을 추적하기 위해 소비자의 머리에 카메라를 달 수 있다. 데이터는 얼마나 오랫동안 한 페이지에 눈이 머무는지를 보여준다. 이러한 기술은 원래 슈퍼마켓 조사를 위해 개발되었고, 점포 안에서 가장 효과적인 제품의 위치에 대한 정보를 제공해준다. 최근 컴퓨터 스크린을 볼 때 광고, 기사 형식의 광고, 웹페이지, 간접광고 특성의 효과를 평가하기 위해 시선 추적 사용이 개발되어 왔다.

〈그림 11.1〉은 시선의 움직임과 머무른 시간을 기반으로 독자가 어느 부분에 관심이 있는지 응시 지점을 열점으로 보여준다.

그림 11.1 독자의 관심 추적 : a. 응시 지점 b. 열점

스토리보드와 제품 개념 테스트

기업은 컴퓨터 이미지를 이용하여 광고의 가상 버전을 보는데, 이는 광고 제작 비용을 감축시킨다. 응답자들은 광고 이미지에 대한 독창적인 표현과 구매 가능성에 대해 질문을 받는다.

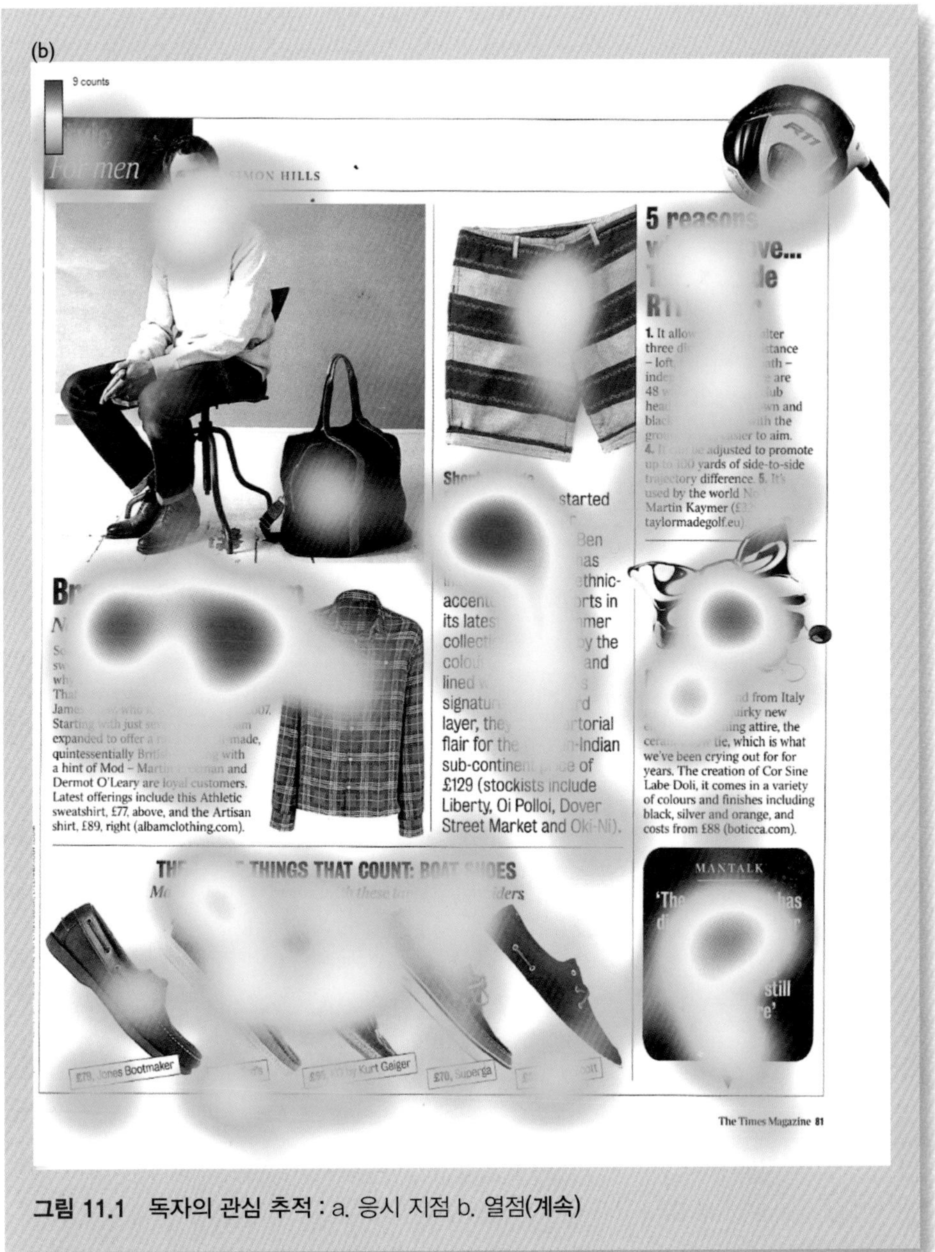

그림 11.1 독자의 관심 추적 : a. 응시 지점 b. 열점**(계속)**

소비자 일기

소비자 일기는 수집되는 데이터 유형에 따라 다양하다. 패션산업에서는 소비자가 읽은 잡지에 대한 일기를 쓰고, 관심 있게 본 광고나 스토리를 기록하도록 요청받는다.

텔레비전 안의 카메라

테크놀로지의 발달로 카메라를 텔레비전 안에 넣을 수 있게 되었고, 시청자가 광고에 어떻게 반응하고 집중하는지, 채널을 돌리는지 혹은 방을 나가는지와 관련된 데이터를 수집할 수 있다.

투사기법

투사기법은 특정 시나리오를 자신에게 적용시킨다.

- 만약 돈을 신경 안 써도 된다면
- 만약 어떤 이벤트를 위해 복장이 필요하다면
- 만약 당신이 유명인이라면
- 만약 당신이 사이즈 X라면

이는 기업이 제품과 광고를 개발할 수 있도록 단순한 욕구와 기발한 영감에 대한 통찰력을 제공한다.

소비자가 광고와 프로모션을 어떻게 보고, 즐기고, 기억하는지에 대한 다양한 조사방법이 있지만, 구매로 전환시켜 줄 것으로 결코 확신할 수 없다.

온라인 조사

온라인 조사는 커뮤니케이션 캠페인의 효과를 판단하기 위해 사용될 수 있다. 웹 기반 조사의 장점은 빠르고 즉각적인 피드백을 얻을 수 있다는 점이다. 전통적인 표적 집단법과 함께 온라인 설문조사를 통해 온라인과 오프라인 프로모션에 대한 인지도를 테스트할 수 있다. 웹 기반 인터뷰는 거리 인터뷰 조사에 참여하기를 주저하거나 표적집단에 참여할 시간이 없는 사무실 소비자 등 접근이 어려운 사람들을 대상으로 사용될 수 있다.

디지털 캠페인의 효과 평가는 웹 분석과 소셜미디어 모니터링을 통해 이루어진다. 구글 애널리틱스는 웹 페이지의 '사용자 클릭(clickthroughs)'에 대한 가치 있는 데이터

사례 연구 **광고는 낭비인가?**

친구가 겨울 코트 신상품을 찾고 있다. 그녀는 잡지 광고에서 정말 마음에 드는 XYZ 제품을 봤지만, 모든 사람이 똑같은 제품을 가질 것 같아 그 코트를 아마 사지 않을 것 같다고 말했다. 이 경우 광고 예산을 낭비하는 것일까?

그다음 주에 그녀는 새 겨울 코트를 입고 있었고 나는 "XYZ 제품이야?"라고 물었다. "맞아."라고 그녀가 대답했다. 그녀는 광고에서 본 그 제품이 품절되었고, 그래서 이 옷이 더 좋아졌다고 덧붙였다. 따라서 광고는 헛되지 않았다고 할 수 있지 않을까?

를 제공해준다. 마케터는 소비자가 브랜드에 대해 무엇을 말했는지 피드백을 얻고자 블로그나 유튜브, 페이스북을 추적할 수 있다. 단순한 수준의 소셜미디어 모니터링은 디지털 플랫폼 범위 안의 소비자 대화에 귀 기울이는 것이다.

부후닷컴(Boohoo.com)은 온라인으로만 소통하는 인터넷 소매상이다. 〈그림 11.2〉는 다양한 색채로 이루어진 수직적 구성의 조합으로 스크롤을 내리면서 관찰자의 눈을 사로잡은 열점을 보여준다. 이메일은 길지만 많은 사진과 적은 문자, 페이지 아래로 흐르는 다채로운 색상의 그래픽을 포함하고 있어 관찰자가 이미지를 자세히 보고 관심을 유지하게끔 한다.

〈그림 11.3b〉는 관찰자가 거의 보지 못하고 지나간 부분을 명백히 보여준다. 그렇기 때문에 다른 커뮤니케이션 방식에 비해 효과적이지 않을 수도 있다.

캠페인 효과 조사 비용

조사를 하는 데 드는 비용은 세부사항, 샘플 사이즈, 조사하고자 하는 변수, 조사에 필요한 시간에 따라 다양하다. 만약 조사가 빠르게 진행될 필요가 있다면 이차 자료가 적합할 것이며, 필드 조사나 1차 조사는 시간이 오래 걸리고 비용도 더 든다.

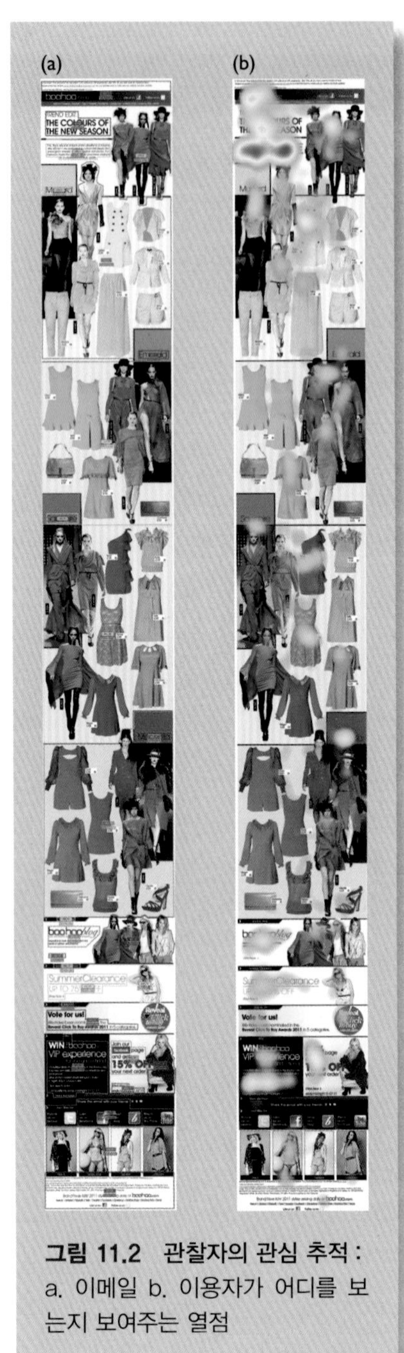

그림 11.2 관찰자의 관심 추적 : a. 이메일 b. 이용자가 어디를 보는지 보여주는 열점

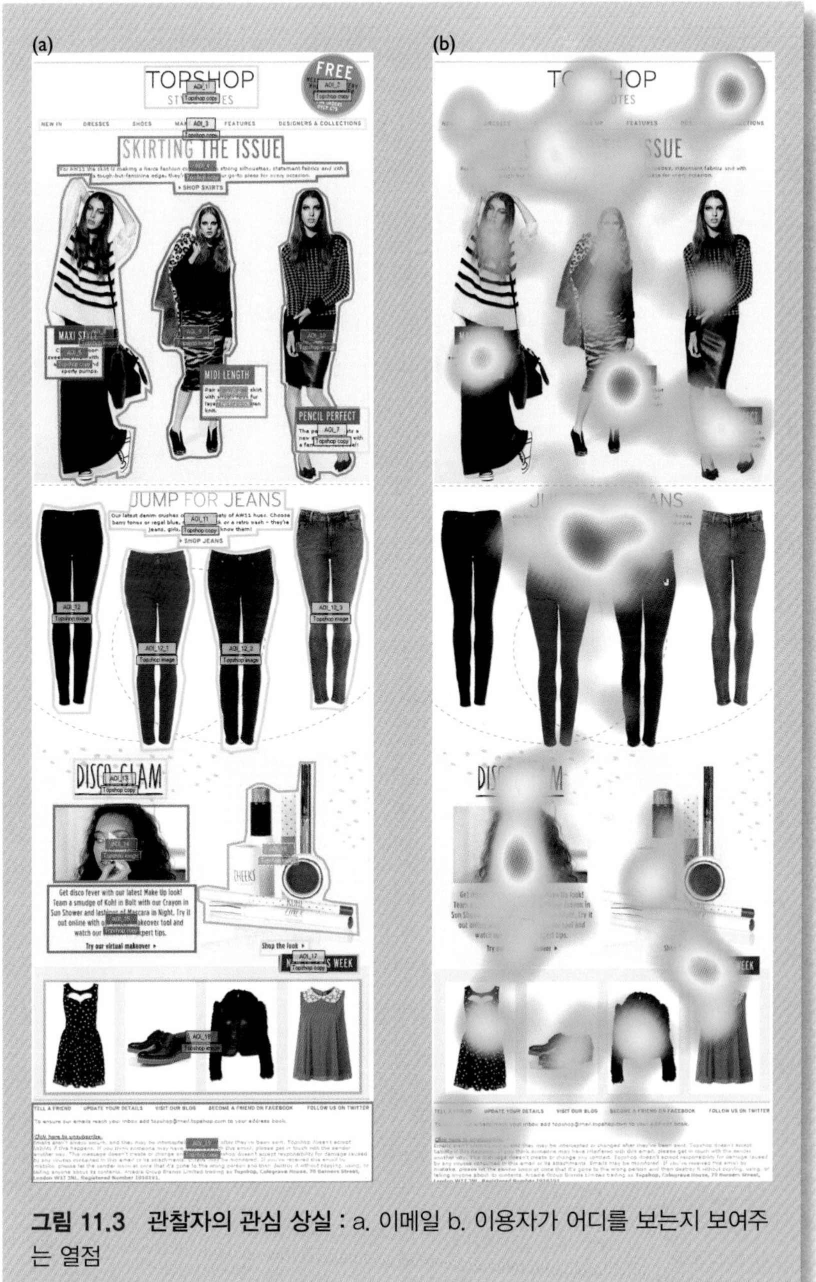

그림 11.3 관찰자의 관심 상실 : a. 이메일 b. 이용자가 어디를 보는지 보여주는 열점

요약

인간의 복잡한 두뇌를 연구하는 대다수의 조사와 마찬가지로 구매행동 또한 전적으로 이해할 수는 없지만, 어떤 조사방식은 약간의 통찰력을 제공하기도 한다. 패션 제품은 자아 정체성과 자아 존중감이 녹아 있고 매우 가시적이기 때문에 패션 제품을 구매할 때 훨씬 더 많은 위험 요소가 있다. 광고 효과 측정은 단순하지도 않고 정확하지도 않은 과학이다. 그럼에도 불구하고 커뮤니케이션 캠페인 효과를 측정하기 위해 소비자가 지불한 돈으로 무엇을 얻고자 하는지와 같은 오래된 질문에 대한 답을 찾는 것은 중요하다.

참고문헌

Mitchell, A. (2009) 'Unravel the mini-mysteries surrounding effectiveness', *Marketing*.

Morrison, M. A. *et al.* (2002) *Using Qualitative Research in Advertising*, Sage, London.

학습활동

1. 신문과 패션 잡지를 하나씩 선택하여 브랜드가 프로모션하는 메시지를 비교하고 대조해본다.

2. 하이스트리트 패션 광고에 대한 소비자 인지 조사를 작은 규모의 질적 방법으로 실행해본다.

3. 소비자 조사 진행 방식을 이해하기 위해 인터넷 조사 리서치 패널로 참여해본다(꼭 패션일 필요는 없음).

4. 예거(Jaeger) 사례 조사에 대해 생각해보고 다음 질문에 대답해본다.

a. 코츠 바이옐라(Coats Viyella)는 브랜드를 처분하기보다 재건하기 위해 무엇을 할 수 있었는가?

b. 바이옐라에게 무슨 일이 생겼는가?

c. 2003~2004년 이전에 브랜드 지각을 밝히기 위해 어떤 유형의 조사가 진행되었

는가?

d. 이를 파악하기 위해 어떤 유형의 조사가 적합한가?

e. 예거에 대한 소비자 지각을 테스트하기 위해 리서치 방법을 디자인해본다.

f. 예거의 통합된 캠페인의 주된 목표는 무엇인가?

g. 예거의 리포지셔닝에 어떤 사람이 관련되어 있는가?

h. 커뮤니케이션 전략의 어떤 부분이 사용되었으며, 리포지셔닝 전략에서 어느 정도 통합되었는가?

i. 재정적인 성공은 효과 측정의 한 부분일 뿐이다. 무엇을 측정할 수 있는가?

j. 예거를 운영하는 틸먼(Tillman)은 아쿠아스큐텀(Aquascutum)을 어떻게 하였는가?

k. 영국 전통 브랜드의 상징적 지위를 지금까지 회복해온 예거에게 다음 단계는 무엇인가?

사례 연구 예거

1990년대 예거와 바이옐라(Jaeger and Viyella)는 영국의 200년 된 텍스타일 기업인 코츠 바이옐라(Coats Viyella)가 소유해온 유명한 의류 브랜드이다. 코츠 바이옐라는 원사 제작이 주된 사업이었지만 예거와 바이옐라라는 이름으로 제조와 패션 유통으로 다각화하였다. 또한 선도적인 하이패션 유통업체들, 특히 영국의 주요 하이스트리트 체인업체인 막스 앤 스펜서(M&S)를 위해 의류를 생산했다. M&S는 (영국의 다른 하이스트리트 유통업자와 비슷하게) 이익률 향상과 규모의 경제를 얻고자 해외 소싱으로 전환하는 전략적 결정을 내리게 되었고, 코츠 바이옐라와의 긴밀한 관계가 점차 사라졌다. M&S는 공급업체들과 매우 밀접하게 연결되어 영국 패션 공급망 체계의 핵심 세력으로 고려되었다.

비즈니스 손실의 결과로, 코츠 바이옐라는 2개의 유통 브랜드를 지원할 자원이 없음을 깨달았다. 파트너 기업은 이러한 두 유통 브랜드를 처분하고 글로벌 원사사업에 더 집중하기로 결정하였다. 처분할 즈음, 예거는 리젠트 거리 중심부의 런던 매장 이외에서는 명확하지 않은 이미지와 강력한 브랜드 자산이 거의 없어 수익을 내지 못하는 사업체였다. 당시 주요 유통 점포가 52개이고, 협력업체의 영업장소가 94개였다. 브랜드의 재활성화가 필요하였다.

예거로 당신은 항상 10년 젊어집니다.

—벨린다 얼(Belinda Earl), 예거 최고경영자, 2004

예거는 투자 부족을 겪어야 했다. 브랜드 이미지를 새롭게 북돋우기 위해 국제적인 톱 디자이너 벨라 프로이트(Bella Freud)를 영입하였음에도 불구하고 방향을 잃고 핵심적인 충성 고객조차 잃어갔다. 회사는 리버호크(Riverhawk)에게 1파운드에 팔렸고, 예거는 몇 주 안에 다시 해럴드 틸먼(Harold Tillman)에게 팔렸다. 그는 높은 수익을 내는 영국 패션의회 회장으로 "나는 좋은 가격으로 얻는다. 나는 어떤 것에도 절대 과도한 금액을 지급하지 않는다."라고 말했다(Tilman, 2004). 틸먼의 이력서(CV)는 인수와 주식매각의 연대표와 같다. 그는 아쿠아스큐텀을 2009년에 매입하였다.

리포지셔닝 이전의 조사

틸먼은 예거의 과거, 현재 그리고 잠재적 소비자가 브랜드에 대해 어떻게 생각하는지 파악하기 위해 통합된 미디어 분야의 세계 선도 기관 중 하나인 미디어컴(MediaCom)을 고용하였다. 소비자 조사는 2003~2004년 인수 당시와 2007년 리포지셔닝 프로그램 과정에서 진행되었다. 초기 조사에서 예거는 영국 소비자들에게 클래식하지만 패션 센스가 거의 없는 40대 이상의 여성을 위한 고가 브랜드로 인식됨을 알았다. 이 시점은 국내와 국제 신규 브랜드들이 시장에 진출하고 마켓 포지션을 강화하던 때이다. 영국의 하이스트리트 체인업체인 넥스트(NEXT)는 시장점유율을 차지하고 있었다. 스웨덴 H&M, 스페인 자라와 같은 신규 진입자들은 시장에서 발판을 다졌고, 혁신적인 상품군을 선보였다. 패스트 패션은 영국의 하이스트리트에서 추종자들을 얻었고 합리적 가격으로 소비자 지각을 빠르게 변화시켰다.

2007년까지 예거는 고가이지만 패션을 선도하는 브랜드로 인식되어 젊은 소비자들의 관심을 얻었지만, 혼란을 주었다. 소비자들은 유행 제품이 여러 해를 거친 클래식 스타일과 혼합되고, 매장 환경도 흥미롭지 못하다고 비판하였다. 전반적으로 예거의 변화에 대한 메시지는 소비자나 미디어, 시장에 도달하지 못했음을 파악하였다.

리포지셔닝 과정

이에 대응하여 회사는 하위 브랜드를 차별화하기로 하였다. 이러한 하위 브랜드들은 다음과 같은 포지셔닝 전략을 갖고 있다.

- 예거 : 핵심 상품
- 런던 : 패션 지향적
- 블랙 : 프리미엄 라인

리포지셔닝 활동의 주된 관점은 액세서리 제품을 강조하는 것으로 잠재적 소비자가 진입 가격대의 브랜드 제품을 구매하도록 하는 것이다. 핸드백이 이를 위한 매개체였다. '틸리(Tily)'는 2008년 299파운드에 판매되었고 빠르게 '잇백'이 되었다. 또 다른 가방 '미란다(Miranda)'는 599파운드에 예거 런던 백으로 런칭되었다.

코츠기업은 제조업체를 근원으로 울의 날실과 씨실로 묘사한 이전 로고를 중단하고 모더니티한 이미지를 전달하는 새로운 로고를 디자인하였다.

그림 11.4 예거 로고 : 이전 로고와 새 로고

2008년 이전까지는 예거의 모든 미디어 프로모션이 사내에서 처리되었고 교양 신문 광고가 대부분이었다. 사내 커뮤니케이션팀은 연간 비용이 50만 파운드에 달하는 명품 미디어 전문가 레드(Red)의 영입으로 향상되었다. 미디어의 초점은 최고의 패션 잡지인 **보그**, **그라치아**, **태틀러**에 광고하는 것으로 바뀌었다. 이러한 잡지와 세간의 이목을 끄는 다른 미디어 채널 광고에 대한 지출은 PR 캠페인과 유명인 광고로 보강되었다.

인기 있는 TV 프로그램 **빅 브라더**(Big Brother)에 출연한 다비나 맥콜(Davina McCall)이 착용한 코트는 즉시 완판되었다. 유명 여배우 엠마 톰슨(Emma Thompson)은 종종 시상식에 이 브랜드 제품을 입었다. 톱 모델 에린 오코너(Erin O'Connor)는 예거의 새 모델이 되었다. 슈퍼모델 케이트 모스가 입은 별 프린트 블라우스의 매출이 300% 상승하는 등 유명인의 파워를 알 수 있다. 무엇보다도 대다수의 PR 보도의 안전장치는 '틸리' 백이었다.

(계속)

2008년 봄과 가을 런던 패션 위크의 자리를 획득하였고, 그 결과에 따른 언론보도는 리포지셔닝 이전에 부족했던 유명세를 브랜드에게 다시 안겨주었다. 예거는 (보그와 같은) 영국 패션 언론으로부터 '영국의 상징적인 슈퍼 브랜드의 귀환'으로 묘사되었다. 예거의 병든 브랜드를 호전시킨 공은 새로 취임한 최고경영자 벨린다 얼(Belinda Earl)에게 있는 것으로 보여진다.

고객 유지는 고객에게 무언가를 돌려주고 더 강한 브랜드 소속감을 구축한 로열티 카드와 점포 내 잡지 도입으로 향상되었다. 온라인 거래가 가능한 웹사이트의 시작은 더 이상 신규 매장을 개점하지 못하는 지역에서 예거의 지리적 범위를 확장시키는 데 효과적임을 입증하였다. 웹사이트는 또한 국제적인 노출을 증가시켜 많은 해외 점포 개점을 이끌어냈다.

점포가 재단장되고 리젠트 거리의 플래그십 스토어에는 100만 파운드의 수리 비용이 들어갔다. 2007년까지 판매사원은 예거 상품을 착용하지도 착용할 의무도 없었다. 게다가 벨린다 얼은 그녀가 예거로 왔을 때 무엇을 입어야 할지 '고전'했음을 인정하였다.

리포지셔닝 이후의 조사

소비자 조사 결과 예거의 리포지셔닝 과정 이후 소비층이 젊어지고 고연령층만을 위한 브랜드는 아닌 것으로 나타났다. 영국의 셀프리지(Selfridges) 백화점 내 영업점을 개설하였다. 일부 고객들은 '잇백'의 가격을 500파운드 정도로 예상했으나 가격이 너무 싸며, 그렇다 하더라도 가방과 장식류 때문에 브랜드를 다시 생각하게 되었다고 언급하였다.

소비자들은 예거와 연관된 유명인들을 언급하였고, 새롭게 단장된 매장 환경에 찬사를 보냈다. 잡지를 이용한 브랜드 인지도는 향상되었다. 예거는 더 젊은 판매 스태프들을 끌어들였고, 이는 예거가 젊은 소비자들이 보기 즐거워하는 브랜드임을 입증하는 것이다.

2004년에서 2008년 사이 매출액이 해마다 증가하였지만 지출 비용 역시 마찬가지였다(Bell, 2009).

예거는 그의 경쟁사인 버버리나 멀버리처럼 영국의 상징적인 전통 브랜드로서의 위치로 복구되었다.

현재 마켓 포지션

2011년까지 기업은 영국에 40개 이상의 점포를 보유하여, 관심을 해외시장으로 전환하였다. 2009년 파리를 잠재적인 표적 목적지로 선정하였다. 이는 브랜드가 하락하기 시작하여 해외 운영이 축소되었던 1960년대에 브랜드가 존재하였던 그 도시로 다시 진입하기 위함이다.

2011년 초, 예거는 러시아의 명품 브랜드 유통업체인 야밀코(Jamilco)와의 콜라보레이션으로 러시아 시장을 검토하였다. "예거는 세계적인 매력을 지녔고, 러시아 소비자들은 고급스러운 소재와 독특한 디자인을 지닌 전통적인 브랜드를 환영할 것으로 낙관하고 있다."라고 야밀코 회장은 언급하였다(Gallagher, 2011).

참고문헌

Bell, K. (2009) MSc thesis
Gallagher, V. (2011). 'Jaeger to expand into Russia', Retail Week, 10 February 2011
Jaeger, www.Jaeger.co.kr
MediaCom, www.MediaCom.co.kr
Tilman, H. (2004) Director, October 2004

12
패션 마케팅 커뮤니케이션의 향후 방향

미래는 바로 오기 때문에, 나는 결코 미래에 대해 생각해본 적이 없다.

— 알베르트 아인슈타인

이 장에서는

- 패션 마케팅 커뮤니케이션의 최신 동향과 의견을 제공한다.
- 산업체에서 근무하기 희망하는 학생들을 위한 커리어 방향을 제안한다.

서론

이 책을 집필하는 동안 패션 커뮤니케이션 분야에서는 약간의 변화들이 있었다. 디지털 마케팅은 패션 마케팅 커뮤니케이션의 주요 수단이 되었다. 몇 명의 논평가들은 전통적인 커뮤니케이션 매체의 종말을 제안하였지만 그렇지는 않았다. 광고, 잡지, 유통 환경과 같은 전통적인 매체들은 대신 다채널 의사소통방식으로 통합되었다.

이 장은 패션 커뮤니케이션 분야 발전 동향에 대해 좀 더 구체적으로 언급하고, 이러한 흥미로운 시점에 산업체 경력을 위한 조언을 제안하고자 한다.

미디어 커뮤니케이션 상황의 변화

전통적인 마케팅 커뮤니케이션(TV, 잡지 등) 활동과 지출은 불경기였던 지난 5년 동안 침체되거나 조금씩 감소하였고, 미디어 가격도 마찬가지였다. 더 많은 채널이 위성 텔레비전을 통해 이용가능해졌다.

PR 활동으로 온라인 콘텐츠, 모바일 미디어, 소셜미디어가 상승하였으나, 비용적인 부분은 거의 알 수가 없다. 미디어 채널은 전통적인 채널과 종종 다르게 책정되는데, 판매와 마케팅을 포함한 예산에 같이 편성되기도 한다. 미디어 예산 할당은 다소 애매한 영역이다.

대다수 잡지는 현재 온라인 버전을 갖고 있다. 온라인 버전이 더 많은 사진을 포함하고 있지만, 느긋하게 읽을 수 있는 전통적인 고급 패션 잡지 영역을 빼앗을 것으로 예상되지는 않는다. 온라인 내용은 새로운 정보에 대한 짧고 명확한 맛보기 내용을 제공하고 고객에게 잡지 구매를 상기시킨다. 지금까지 대다수의 패션 잡지들은 온라인 콘텐츠를 유료화하지 않았지만, 바뀔 수 있다.

기술적 진보

현재 스마트폰의 가격이 하락하고 패션계의 주요 표적인 18~35세의 대다수 소비자가 스마트폰을 보유하였기 때문에 (스마트폰으로 접근가능한) 모바일 미디어가 일정 수준에 도달한 것으로 보인다.

스마트폰 소유자들은 '개인 접속기기'를 지니고 있고 끊임없이 업데이트하기 때문에, 스마트폰 없이는 길도 잃을 것이다. 스마트폰은 또한 '손 안에' 휴대하기 매우 쉬운 생명줄이며, 일기장이고, 카메라이며, 이메일과 소셜미디어 포털이다. 스마트폰은 커뮤니케이션과 연결된 중요한 부분이며 인포테인먼트의 중심부이다.

잡지나 앰비언트 미디어와 같은 전통적인 정적 광고에는 QR 코드를 포함시킬 수 있다. 관심 있는 소비자가 모바일 기기로 코드를 스캔하면, 트렌드 정보를 얻을 수 있는 기업 웹사이트로 바로 연결해준다. 더욱 중요한 것은 M-커머스(m-commerce)를 이용하여 즉시 쇼핑할 수 있다는 것이다. QR 코드는 지금까지 시각적으로는 매력적이지 않았다. 모양이 다소 투박하지만 향후 확실히 나아질 것이다.

소비자가 다운로드하여 받는 애플리케이션은 '앱'으로 더 잘 알려져 있고, 고객이 선택한 어떤 사이트라도 즉각적인 접근과 지속적인 업데이트가 가능하다. 패션과 기술 관련 언론계는 조만간 모바일 전화가 지불 기기로 사용될 것이라고 널리 예측해왔다. 신용카드가 모바일 기기에 삽입되고, 모바일 기기가 계산대를 지나가면 지불이 완료될 것이다.

증강현실이나 증강검색(augmented browsing)은 사용자가 확장된 콘텐츠나 이미지, 정보를 링크하는 잡지 광고나 특집 기사에서 사용될 수 있다.

페이스북과 같은 소셜미디어는 24시간, 일주일 내내 친구들과 무엇이든지 이야기하고 공유할 수 있는 플랫폼이다. 이 사이트는 브랜드에 약간의 관심을 보인 소비자들을 대상으로 하며, 광고를 표적화하기 위해 최적화된 검색 엔진과 (브랜드를 언급한) 검색기록을 사용한다. 그리고 경쟁 브랜드는 조금 더 자주 팝업 광고를 보낸다. 이러한 광고는 소비자가 적극적으로 검색했거나 마음을 사로잡았던 브랜드의 광고이기 때문에 덜 거슬린다. 한 예로, 필자가 UGG 부츠를 표면상 사적 공간인 페이스북에서 언급하였는데, 즉각적으로 EMU(직접적인 경쟁 브랜드)의 표적이 되어 필자의 페이스북에 팝업 광고가 나타났다.

리치 미디어와 인포테인먼트

본래 매우 정적이었던 웹사이트 배너 광고는 '리치 미디어'로 다시 태어났다. 배너 광고는 좀 더 관심을 끌고 시선을 사로잡으며 참여를 부추긴다.

패션 웹사이트는 인포테인먼트로서 온라인 비디오 콘텐츠를 점점 더 추가하고, 사용자를 시청자로 전환시킨다. 다음 단계는 패션쇼에 나온 작품을 클릭하여 구매할 수 있게 하는 능력일 것이다.

유통 환경에서는 인터렉티브 미러나 태블릿을 이용하여 판매시점에 작은 매장에서 생중계로 전체 상품군을 보여줄 수 있을 것이다. 대도시 근교의 작은 유통업체가 실제로 구매하여 보관할 수 있는 범위보다 더 많은 상품군을 보여줄 수 있음을 의미하며, 이는 지속 가능성에 참여하는 것과 같다. 패션 소비자가 도시 중심부로 이동하지 않고도 자신이 원하는 지역의 하이스트리트에 위치한 점포에서 쇼핑을 가능하게 해준다.

블로그

블로그는 최근 패션 실황방송이 되었다. 블로그는 본래 '웹로그'로 불렸는데, 생각이나 의견, 시각적 이미지를 포함한 일기장 스타일의 웹사이트를 말한다. 블로그 작업은 활성화되고 있으며, 상호작용적이다. 웹 2.0 시대의 테크놀로지는 의견을 교환하고 추종자들을 고무하는 쌍방향 대화를 가능하게 하였다.

블로거는 오늘날 영향력 있는 새로운 패션 저널리스트이다. 그들은 패션쇼 앞자리에 앉아 전통적인 저널리스트들이 지금껏 해왔던 것보다 더 빠르게 최신 시각자료와 해설을 전한다.

인터넷으로 돈을 버는 것을 계량화하기는 쉽지 않다. 제휴 마케팅은 새로운 피라미드 판매이다. 즉 블로거는 자신의 블로그에 공공연한 혹은 암시적인 광고 내용을 올리고, 검색자들이 클릭할 때마다 대가를 받는다. 비전문가인 블로거의 추천은 공정하게 보이지만, 많은 블로거는 제품을 호의적으로 평가하거나 그들의 웹사이트에 명시적으로 광고를 올리고 대가를 받는다. 또한 패션 유통업체를 위해 사진촬영을 하고, 잡지나

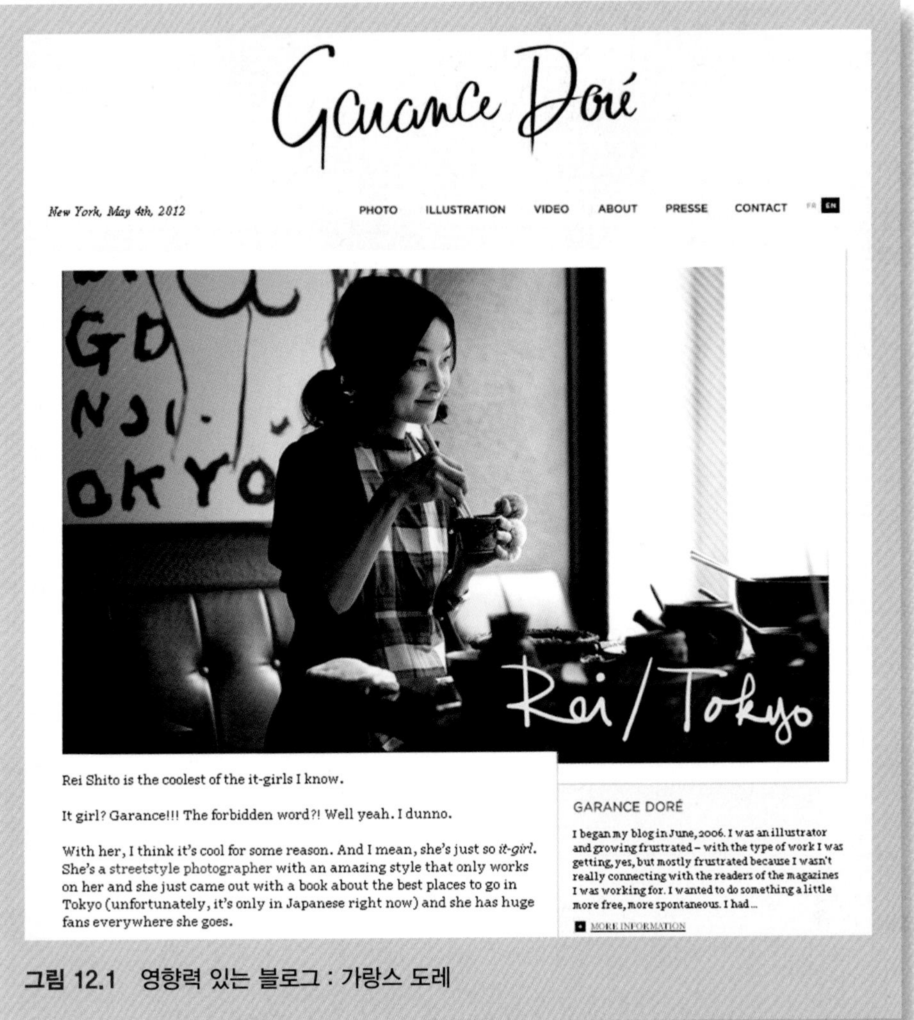

그림 12.1 영향력 있는 블로그 : 가랑스 도레

신문 칼럼에 기고하고, 유명인 스타일과 업계에 대한 논평을 쓰고 대가를 받는다.

거리 패션과 스타일로 유명한 블로거(그림 12.1의 가랑스 도레와 같이)들은 좀 더 투명해지고자 이것이 그들이 돈을 버는 방식임을 발표하였다.

디지털 미디어가 커뮤니케이션 산업의 대세가 되어가므로(어떤 비즈니스도 가장 기본적인 웹사이트 없이는 살아남을 수 없다) 전문가들은 이러한 기회에 박차를 가하고 있다.

커리어 기회

패션 마케팅 커뮤니케이션 분야에서 커리어를 쌓기 위해서는 다양한 길이 있지만 어느 하나도 간단하지는 않다. 개인별로 추진력, 탄력성 그리고 지원서가 필요하다. 기업이나 광고 대행사, 사내 광고 제작부서 등 산업 전반에 걸쳐 직업의 역할과 책임감은 매우 다양하다.

광고회사에서의 근무는 패션 브랜드만을 위한 작업이 아닐 수도 있다. 기회가 있다면 패션 역사, 패션 이론, 저널리즘, 사진학, 패션 프로모션, 스타일링, 비주얼 머천다이징, 패션 마케팅 커뮤니케이션 교과 과정을 포함하고 있는 전문대학이나 4년제 대학에서 좀 더 폭넓은 소매 패션 마케팅 맥락을 공부하면 도움이 될 것이다.

많은 광고 및 마케팅 커뮤니케이션 기관은 명품 브랜드, 라이프 스타일 브랜드, 뷰티 브랜드를 대상으로 하는 전문 분야가 있다. 홈쇼핑 시장과 같은 분야는 단일 분야만 있다. 레드 C는 홈쇼핑 시장에 집중하는 마케팅 대행사로 다음과 같이 언급하였다(2011).

우울한 경기 침체 속에서 전통적으로 대량 지출을 해오던
영국의 마케터들 중 일부도 곤경에 빠졌고, 유통업도 최근 결정적인 기로에 서 있다.
울워스(Woolworths), MFI, 위타드(Whittards), 자비(Zavvi), 아담스(Adams) 등
몇몇 유통업체들은 기록에 남을만한 하이스트리트의 암울한 지출에 굴복하였고
올해 이목을 끄는 유통업체는 더 많이 있을 것으로 예측된다.

유통업체들이 살아남기 위해 관계 마케팅에 의지하는 것은 그리 놀랍지 않으며,
그것이 바로 레드 C가 도울 수 있는 부분이다.
성공적인 사업은 점포형 매장(physical presence)과 온라인 활동 사이에서
정확한 균형을 찾는 것이라 생각한다.
유통업체들은 온라인으로 훨씬 더 효과적으로 고객에게 다가갈 수 있는데
왜 계속해서 비싼 부동산 임대료를 지불하려는 것일까?

물론 이러한 논쟁에는 약점이 있다. 물리적인 쇼핑 환경에서 눈을 마주치고
대화를 하는 필수적인 영향력을 e-커머스 매장으로 대치할 수 없다.
대신 상권 침투 전략 같은 기술을 이용하여 회사의 투자수익률(ROI)과
면적당 매출액을 향상시키고, 실적이 좋지 못한 점포를 호전시키고,
점포의 POS를 개선하는 데 집중하는 것이다. 만약 브랜드의 현재 마케팅이 영향력이 없고
원하는 결과를 얻지 못한다면, 레드 C와 이야기해야 한다.

근무 경험

근무 경험의 가치는 과소평가될 수 없다. 약 1년 정도의 긴 현장근무는 임금을 받을 수 있지만(그림 12.2 참조), 짧은 기간의 근무는 일반적으로 지불되지 않는다. 이러한 포지션은 '인턴십(internship)'으로 알려져 있다. 최근 무급의 취업과 현장 경험에 관하여 정부가 법률을 제정하여 압박함에도 불구하고, 많은 학생은 인턴직을 하나의 기회로 보고 있다. 이러한 기회에 대한 긍정적이고 부정적인 측면을 논한 수많은 웹사이트가 있다. 성공한 많은 졸업생은 어떠한 형태로든 현장 실습을 경험해왔다. 인턴 실습생들은 당시에는 힘들고 많은 희생이 필요했지만, 경력에는 중요함을 언급하였다. 만약 어떠한 경험도 없다면 가능한 빨리 어떤 일이라도, 설사 일주일 정도의 매우 짧은 기간이라도 회사 내에서 함께하는 실습을 해야 한다.

텔레그래프의 이전 패션 에디터인 힐러리 알렉산더(Hilary Alexander)는 인턴에 관한 그녀의 최고 전략을 알려줬다.

나는 열정을 지닌 뭔가를, 어떤 것이라도 쓰는 예비 인턴을 뽑는다.
만약 맞춤법에 맞게 쓰지 못하거나 문장을 끊지 못해 쓰레기통에 버려지더라도,
인턴사원이 열정적이고 열정적일 수 있다면 2주 정도 일을 할 수 있다.
만약 인턴이 열성적이며 독창력을 발휘한다면 그들은 더 오래 머무를 수 있다.
몇 명은 일주일, 몇 명은 영원히 남는다.

회사명	ZPR
직무	PR 보조(패션 & 뷰티 분야)
지역	런던, W1D 4SH
급여	1년에 16,000파운드
기간	13개월
시작일	2011년 6월 18일
마감일	2012년 5월 11일

회사소개

ZPR은 런던 소호 지역에 기반을 둔 PR 회사로, 소매업체를 위한 소비자 PR을 전문으로 하고 있다. ZPR은 웨이트로즈, 슈퍼드러그, 레이크랜드, B&Q와 같은 주요 유통업체와 베비(Vevie)나 이센셜원(The Essential One)과 같은 작은 니치 브랜드를 위한 커뮤니케이션 지원활동을 한다. 최근 들어 새로운 비즈니스 영역을 패션 분야로 확대해가고 있다.

ZPR은 패션 및 뷰티 영역에서 2011년 6월 4일부터 근무가 가능한 학생을 모집하고 있다.

담당업무

이 분야는 다음과 같은 업무를 포함한다.

- 전국 언론에 PPL PR 기회를 위한 샘플 과정 관리
- 매체에 대한 새로운 정보를 파악하고 매체와 보도 기사를 수집
- 조사
- 행정 업무
- PPL을 위해 기자 섭외
- 보도자료 작성
- 제품 사진 초안 작성
- 언론 행사 지원
- 매장 방문
- 제품/가격 문의를 위해 H/O와 연락
- 전반적으로 좋은 이미지 유지

자격요건

- 패션, 뷰티, 라이프 스타일에 진정으로 관심이 높은 자
- 패션/스타일에 안목이 있는 자
- 문서 및 구두 의사소통 능력이 우수한 자
- 체계적이고 자신감 있는 사람
- '할 수 있다'는 긍정적인 태도로 모든 업무에 유연하게 접근이 가능한 자
- 빠르게 변화하는 환경에서 근무할 수 있는 적극적인 팀 플레이어
- 실습을 시작하기 위해 런던에 친척이나 친구가 있고, 꽤 위협적일 수 있는 어떤 사람도 모르는 사람

그림 12.2　1년간의 유급 인턴십 광고

근무 경험을 얻고자 한다면, 교육기관이 이미 갖고 있는 연락처 목록에 있는 기업에 접촉해보거나 혹은 일하고 싶은 기업을 직접 찾아 연락해볼 수 있다.

다음 사례 연구는 럭셔리 브랜드에서 근무한 사람의 경험담이다. 그가 지금의 직장을 얻기 위해 일한 근무 경험과 그의 교육 배경을 간략히 설명하였다.

사례 연구 | 한 남자의 경력

나는 현재 유행을 타지 않으면서 새로운 룩을 끊임없이 보여주는 오트쿠튀르이자 뛰어난 안목을 지닌 설립자인 프랑스 명품 패션하우스에서 감독관이자 고객관계 관리 중역으로 근무하고 있다.

나는 16세부터 고등학교를 마칠 때까지 우리 지역에 오픈한 유명한 하이스트리트 신발 소매점에서 주말 근무를 하게 되면서 패션 마케팅 커뮤니케이션 분야인지도 모르고 나의 커리어를 시작하였다. 현장에 있으면서 얻은 경험을 통해 이 산업은 제품을 판매하는 것 이상임을 알게 되었다. 라이프 스타일을 창조하고 고객에게 '비전'을 판매하는 것이다.

'경력'의 초기 단계라 할 수 있는 1년 차에, 최근 글로벌 이미지를 얻고 충성 고객을 보유한 현지 브랜드가 접촉해왔다. 나는 작은 팀에서 근무하게 되었는데, 내 업무는 그 브랜드의 플래그십 소매점을 설립하고 운영하는 일을 도우며, 가두 상권이나 도심지 패션 상권에서 마켓 리더가 되기 위해 탐구 중인 소매점 이미지를 만드는 일을 돕는 것이었다. 우리 작업은 '정확한' 대상이 우리 브랜드에 대해서 듣고, '추종자'로 전환하게 하고, 우리 점포에서만 쇼핑을 하게 함으로써 우리 부서를 전설적으로 만드는 것이었다! 이 당시 소셜미디어는 지금과 같지 않았다. 단지 소수만이 베보(Bebo, 미국의 인맥 구축 커뮤니티) 페이지를 갖고 있었다. 그리고 주커버그(Zuckerberg)는 이러한 관점에서 사람들을 연결하려는 생각조차 하지 않았을 때로 우리의 전략은 오늘날 '사이버 입소문이 아닌 옛날 방식의 입소문'이었다.

이처럼 흥미로운 경험을 쌓으면서 브랜드에서 정규직을 제안했지만, 나는 대학 공부가 중요함을 깨달았다. 그래서 전문대학에서 BTEC 비즈니스 전공을 계속하였다. 나는 학교는 일주일에 단 3일만 출석하였고, 나머지 4일은 프로젝트 업무를 했다.

대학 생활을 마칠 때 나는 4년제 대학에 가서 학위 공부를 계속하기로 결정했다. 나에게 적합한 전공을 선택하기 위해 오랜 시간이 걸렸는데, 나는 비즈니스를 주요 기반으로 하되 우리 고향의 자사 브랜드에서 일하면서 얻은 경험을 발전시킬 수 있는 전공을 원했다. 나는 내가 원했던 완벽한 전공을 찾았다. 바로 국제 패션 마케팅, 패션을 중심으로 한 비즈니스와 마케팅 학위였다. 그 학교는 게다가 방적의 도시(cottonopolis)에 있다(현재 우리가 알고 있는 영국의 의류산업 발생지인 맨체스터).

맨체스터에서 짐을 풀자마자 내가 고향에서 했던 것과 유사한 일상을 유지할 수 있는 파트타임 업무를 찾기 시작했다. 이것은 사업에 적극적으로 관여하면서 배울 수 있는 업무이다. 나는 셀프리지 백화점에 최근 개점한 이탈리아 명품 브랜드에서 판매 보조원으로 고용되었다. 많은 친구는 '판매 보조원으로 근무'한다는 생각

(계속)

자체를 묵살해버렸지만, 나는 유명한 대형회사에서 근무하면서 고객에 대한 지식과 이런 브랜드가 어떻게 지속적으로 성장하는 민주적인 럭셔리 패션 왕국을 운영하는지 알 수 있는 기회로 여겼다.

내 학위는 3학년 때 산업체 현장 근무를 필수적으로 마쳐야 했다. 나는 영국 스포츠 의류시장에서 고급 기능성 의류 라벨을 조사하고 개발하고 판매하는 일을 도울 목적으로, 런던의 작은 규모의 럭셔리 개인 훈련 사업체에 들어갔다. 사실 유명한 명품 패션 하우스에서의 근무는 유통업체에서 근무를 무시하던 동료들 사이에서 나를 눈에 띄게 만들었다. 디자인팀에 보고하고, 공급업체를 상대하고, 대형 소매업체와 판매 미팅을 하는 등 많은 중요한 업무가 나에게 맡겨지면서, 과거에 해왔던 다른 어떤 것보다도 이러한 현장 근무가 나의 비즈니스 감각과 시간 훈련 및 성공하려는 투지를 향상시켜 준다고 믿었다. 동기, 자신감, 수련이 내가 학교로 돌아가서 학업을 마칠 때 우등으로 학사 학위를 받을 수 있게 하였다고 생각한다.

학위를 마치는 동안 파트타임 근무에 열중하지 않았던 대부분의 동기는 우등생으로 졸업하고자 많은 시간을 공부에 투자했고, 일을 하려는 의욕이 나보다 훨씬 부족했었다. 반면에 나는 일주일에 24시간까지 근무시간을 늘렸고 학위를 마칠 때까지 매우 귀중한 경험을 쌓게 되었다.

우수한 성적으로 졸업하고 선택한 회사에서 성공하고 미래의 스타가 되려는 야망을 지닌 모든 졸업생과 마찬가지로, 나도 완벽한 직장을 찾기 시작하였다. 그러나 이것은 내가 처음 생각한 것 이상의 일이었고 검색하는 2개월 동안 아무것도 얻지 못했다. 그 결과 나는 생각하지도 않았던 프랑스 명품 브랜드에서 풀타임 판매 보조원으로 일하게 되었다. 나는 기분이 언짢았고 뭔가 좀 더 도전적인 일을 하기를 간절히 바랐지만, 산업에 대한 나의 지식과 업무에 대한 비즈니스 마인드는 영국의 플래그십 점포에서 6개월간 일하게 하였고, 감독관이면서 고객관계 관리 중역으로 승진하여, 더욱 치열해진 시장에서 새로운 고객을 찾고 유지하는 업무와 직원들을 돕기 위해 모든 직원들이 따라야 하는 체제를 개발하는 업무를 맡게 되었다.

나는 물리적 배치와 고객 서비스 제공을 수행하고 부티크 내 프로세스를 향상시키는 업무를 책임지고 있다. 내가 최근 일했던 프로젝트는 2013년 런던에 새롭게 런칭하는 대형 부티크 준비로 100명 이상의 팀 멤버를 구성하는 것이었다. 이는 파리 이외의 지역에서 두 번째로 큰 매장이며, 런던뿐만 아니라 세계에서 가장 호화로운 부티크 중 하나가 될 것이다.

패션 마케팅 커뮤니케이션 분야에서 일하기를 원하는 사람에게 해줄 수 있는 단 하나의 충고는 반드시 가야 하는 정해진 길이 없다는 것이다. 산업 내에서 자신만의 길을 만들어야 한다. 어떤 사람은 다른 사람보다 좀 더 빨리 성취할 수 있지만 투지, 노력, 현실적이면서 긍정적이 태도가 당신을 목적지에 도달할 수 있게 해줄 것이다! 항상 하고 있는 모든 것에서, 고객과 대화할 때, 미팅에서, 커피를 만들 때조차 100% 노력하라. 그러면 당신은 인정받을 것이다.

구직 전략

이러한 전략을 따르는 것은 현장 근무나 정규직을 얻는 데 도움이 될 것이다.

- 조사하고, 조사하고 그리고 좀 더 조사한다.
- 패션 중심가에서 보지 못했기 때문에 모르는 기업들이 많이 있을 수 있다. 이들

은 기업 이름으로 운영되는 국제적인 회사일 수도 있다. 단지 본인이 바로 인지할 수 없다고 하여 그러한 기업들을 묵살해서는 안 된다.

- 구직 광고에 대응할 때, 광고에 제시된 기준과 키워드에 적합한지 확인해봐야 한다. 자신의 경험이 얼마나 직무 세부사항과 일치하는지 기업에게 다시 입증해야 한다.
- 많은 지원자는 무작위로 쓴 풍부한 경험이 요구되는 직무 내용에 어떻게 적합한지 면접관이 알아봐주기를 바란다. 경쟁이 치열한 현장에서 면접관은 그렇게 하지 않을 것이다.
- 반드시 기업과 제품, 가격, 유통 채널, 프로모션 전략에 대해 알아야 한다. 패션 마케팅 커뮤니케이션 분야에서 근무하기 위해서는 프로모션 도구뿐만 아니라 전반적인 기업 정신과 현지 시장과 국제 시장의 마케팅 믹스를 알아야 한다.
- 다른 시간대에 여러 지역에 있는 점포를 방문한다. 대부분의 지원자는 한 번도 점포를 방문해본 적이 없고, 단지 웹사이트 정보에만 의존한다. 이는 편향된 정보이고 매장 내 진정한 경험을 결코 줄 수 없다.
- 웹사이트에서 충분히 정보를 얻고, 그들의 이메일이나 소셜미디어에 등록하여 활동을 추적 관찰한다.
- 선택한 회사에 대해 체계적으로 분석한다. 사업에 영향을 미치는 거시적 변수와 미시적 변수를 파악하는 PEST[정치(Political), 경제(Economic), 사회(Social), 기술(Technological)]와 (경쟁사를 포함한) SWOT 분석을 포함할 수 있다. 기업들은 종종 프리젠테이션의 일부로 이러한 조사를 이용하기를 요구한다.

인터뷰 과정

어떤 면접은 3명의 패널이 있는 공식적인 인터뷰이다. 어떤 면접은 커피를 마시면서 일대일로 논의하고, 격식에 얽매이지 않는다. 어떤 면접을 하게 될지 조사하라. 만약 알 수 없다면 두 가지 유형에 모두 대비한다.

공식적인 지원서는 이력서와 가끔 커버 레터(자기소개서 형태)가 요청된다. 최근에는 온라인 지원서를 작성하는 경우가 많으며, 자신의 이력서와 자기소개서를 빠짐없이

기입해야 한다.

많은 기업은 프레젠테이션을 요구하기도 한다. 발표를 준비할 때 반드시 다음을 고려해야 한다.

- 슬라이드에 단어의 수를 최소화한다.
- 말하고자 하는 것을 연습한다.
- 큐 카드(cue card) 대신 슬라이드를 이용하여 대사가 상기되도록 하며 자연스럽게 말한다.

기업은 또한 지원자를 선택하기 위해 평가 업체와 '실황' 과제를 이용할 수 있다. 소규모 그룹으로 주어진 시간 안에 문제를 해결하도록 요청하여 팀 플레이어인지 아닌지 여부를 판단한다. 이때 다른 지원자들에게 귀 기울이면서 본인의 의견을 이해시키고자 노력해야 한다. 지원자들은 기업 평가원들에게 관찰된다.

블로그와 웹페이지는 선택적인 도구로 점점 더 인기가 많아지고 있다. 기업은 지원자가 블로그나 웹페이지를 시작하기를 요청하고 추적 관찰할 수 있다. 또한 검색엔진을 이용하여, 즉 페이스북 프로필 사진을 보고 전문적인지 확인할 것이다.

인터뷰 후에 대다수의 기업들은 피드백을 주며, 지원자를 장래 희망의 길로 안내할 것이다.

참고문헌

Amed, I. (2011) 'The Business of Blogging: The Sartorialist', available at www.businessoffashion.com /2011/10/the-business-of-blogging-the-sartorialist.html [Accessed 1 May 2012].

Red C (2011) *Our Big Book of Credentials*, p. 36, available at www.redcmarketing.net/wp-content/themes/redc/6_pdfs/Red_C_Credentials.pdf [Accessed 1 May 2012].

학습활동

1. 페이스북에 올라온 브랜드를 말하고 어떻게 그 브랜드나 경쟁사의 목표가 되었는지 논의해본다.
2. 미래의 패션 마케팅 커뮤니케이션과 직무 지원에서 무엇을 예견할 수 있는가?
3. 본인이 선택한 직무 광고를 확인하고, 광고에 사용된 핵심 단어를 기록해본다. 목표에 적합한 자기소개서와 이력서를 작성해본다.
4. 역할에 맞는 발표 준비를 해본다.

찾아보기

【ㅅ】

【ㅇ】